热带特色
香料饮料作物
主要病虫害防治图谱

刘爱勤　主编

中国农业出版社

图书在版编目（CIP）数据

热带特色香料饮料作物主要病虫害防治图谱 / 刘爱勤主编. —北京：中国农业出版社，2013.10
ISBN 978-7-109-18191-5

Ⅰ. ①热… Ⅱ. ①刘… Ⅲ. ①热带—香料作物—病虫害防治—图谱②热带—饮料作物—病虫害防治—图谱
Ⅳ. ①S435.73-64②S435.71-64

中国版本图书馆CIP数据核字（2013）第181061号

中国农业出版社出版
（北京市朝阳区农展馆北路2号）
（邮政编码 100125）
责任编辑 石飞华

北京通州皇家印刷厂印刷 新华书店北京发行所发行
2013年10月第1版 2013年10月北京第1次印刷

开本：889mm × 1194mm 1/16 印张：8.5
字数：200千字
定价：58.00元

主　编　刘爱勤

副主编　桑利伟　孙世伟

参　编　苟亚峰　谭乐和　邬华松
　　　　　张洪波　刘光华

本书由公益性行业（农业）科研专项“热带特色香辛饮料作物产业技术研究与示范”（批准号：200903024）资助出版。

前言

热带特色香料饮料作物（胡椒、香草兰、咖啡和可可）是世界重要的热带经济作物，具有附加值高、需求量大等特点，其产品广泛应用于食品、烟草、化妆品、医药等行业。其中，世界胡椒、咖啡年贸易总量1 400多万吨，贸易额160多亿美元，被誉为“现金作物”。

我国热带特色香料饮料作物主要分布在海南、云南、广西、广东等省、自治区的老少边穷地区，种植面积近17万公顷，产值约100亿元，已成为热带农业的重要组成部分，是热区农民收入的主要来源之一。特色热带香料饮料作物产业的健康发展，可进一步带动热带地区经济发展和农民生活水平的提高。热区高湿热的气候环境，既有利于热带特色香料饮料作物生长，同时也有利于病虫害的滋生与蔓延。病虫害是限制热带特色香料饮料作物产业发展的主要因素。目前国内还没有出版专门针对热带特色香料饮料作物主要病虫害防治技术的专业书籍，种植户普遍存在病虫害防治技术薄弱问题。

为了满足我国热带特色香料饮料作物产业发展的需要，使生产技术人员和种植户能快速识别热带特色香料饮料作物主要病虫种类，本书从病虫田间为害症状、病原菌或害虫种类、发生规律、防治措施等方面对热带特色香料饮料作物主要病虫害进行了系统介绍，尤其对各种病虫田间为害症状或外部形态进行了详细描述。

本书内容立足于服务热带特色香料饮料作物种植生产实际，强调防治技术的实用性和可操作性。教您“如何识别这些主要病虫害”，了解“这些主要病虫害是怎么发生蔓延的”“如何防治这些主要病虫害”，便于读者在生产中应用。

本书编撰过程中，引用了部分国内外公开发表的文献资料，也得到了中国热带农业科学院香料饮料研究所张籍香研究员、黄根深研究员的帮助与支持，在此一并表示衷心感谢！

由于编者自身水平的限制，书中难免存在一些疏漏和不足，敬请有关专家、学者及科技人员在阅读和使用过程中提出宝贵意见和建议，以便今后作进一步的修改和完善。

中国热带农业科学院香料饮料研究所　刘爱勤

2012年12月

目录

前言

第一章 胡椒主要病虫害

胡椒（*Piper nigrum* L.）是胡椒科多年生热带攀缘藤本香辛料作物，原产印度，又名古月、黑川、白川。胡椒的种子含有挥发油、胡椒碱、粗脂肪、粗蛋白等，具有祛腥、解油腻、助消化的作用，其芳香的气味能令人胃口大开，增进食欲，是人们喜爱的调味品。胡椒性温热，能温中散寒，对胃寒所致的胃腹冷痛、肠鸣腹泻都有很好的缓解作用，并可促使发汗，治疗风寒感冒。

胡椒品种很多，大致可归纳为大叶种和小叶种（抗性较强）两个类型。我国于1947年由华侨从马来西亚引种于海南岛琼海县试种，1956年后，广东、云南、广西、福建等省、自治区也陆续引种试种成功，栽培地区已扩大到北纬25°。胡椒主要产于东南亚地区和巴西，多栽培在海拔500米以下的平地和缓坡地，以土层深厚、土质疏松、排水良好、pH5.5 ~ 7.0、富含有机质的土壤最适宜。胡椒“怕冷、怕旱、怕渍、怕风”。世界胡椒种植区年平均气温大致在25 ~ 27℃，月平均温差不超过3 ~ 7℃；在我国，年平均气温21℃的无霜地区能正常生长和开花结果，而以年平均气温25 ~ 27℃最适宜。胡椒最忌积水，但要求有充沛而分布均匀的雨量。海南省是中国胡椒的主产地，其种植面积和产量均占全国总量的98%以上，目前种植面积达2.7万公顷，年产值约20亿元。可以说，胡椒已成为近百万热区农民致富的特色优势作物。张开明等1994年编著出版的《华南五省区热带作物病虫害名录》记录了胡椒病害31种、害虫30种。

胡椒瘟病又称胡椒基腐病，是世界胡椒种植区首要的胡椒病害，也一直是危害中国胡椒生产的首要病害。该病是由辣椒疫霉侵染引起的一种传染力很强的土传性病害，病情严重的胡椒园损失达90%以上，甚至全园毁灭。该病以主蔓基部（俗称胡椒头）受害造成的损害最大，在主蔓基部离地面上下20 厘米已经木栓化的部位受害，染病初期外表无明显症状，剖开主蔓见到木质部导管变黑，有褐色条纹向上下蔓延。后期，外表皮变黑、腐烂、脱落，从腐烂的木质部流出黑色液体，常引起整株胡椒萎蔫和死亡。早在1885年，印度尼西亚已有胡椒发生突然凋萎死亡的报告，此后印度亦有类似的报道，但病原菌不确定。当时是把死亡归因于栽培不当，或其他真菌、细菌或虫害所致，看法不一。直到1936年Muller在印度尼西亚对该病进行较为详细的研究，把病原菌定为*Phytophthora palmivora* var. *piperina* Muller。1963年Holliday和Mowat在马来西亚沙捞越的工作再次肯定了Muller的研究结果，以后在巴西、印度、泰国、柬埔寨、越南、斯里兰卡等国家相继发生。在沙捞越多次发生胡椒瘟病大流行，造成胡椒大量减产和重病椒园被迫荒弃。1966年巴西亚马孙地区因该病毁灭100万株胡椒，损失相当于3 000吨干椒。印度尼西亚苏门答腊地区，曾因胡椒瘟病的严重发生，只好将胡椒园改种其他作物。

我国胡椒瘟病主要流行区在海南省。海南省1954年较大量地试种胡椒。据调查1956年在苗圃首次出现病叶。1958—1959年东平农场结果椒死亡160多株。1960年兴隆农场、海南植物园等地区的胡椒曾发生大量死亡。当时亦曾引起有关生产单位和科研单位的注意，对病因进行调查，但都笼统地把胡椒的死亡归因于水害和管理不当。随着栽培面积和地区扩大，1964年在万宁兴隆和儋县部分地区爆发大面积流行。此后，1967年和1970—1972年再次爆发流行，遍及全岛，摧毁了许多结果椒园，造成严重损失。据不完全统计，仅经1970—1972年的胡椒瘟病大流行后，胡椒栽培面积已由4 600公顷下降到3 600公顷，海南胡椒种植面积减少1/5，给胡椒生产造成了严重损失。此病在我国广东、云南、广西的胡椒种植区也有发生。2009年以来，海南省9 ～ 11月雨水偏多，胡椒瘟病有蔓延加重之势。

胡椒根结线虫病分布广泛，是世界胡椒产区的重要病害之一。我国海南、广东、广西、云南和福建等胡椒种植区都有此病发生。被害植株的根系受到破坏，地上部出现生长停滞，节间变短，叶片无光泽，变黄、萎蔫，落花落果，甚至整株死亡。老龄椒园病情重，发病率高，线虫直接侵入胡椒根系，使受害根部形成许多不规则、大小不一的根瘤，被害植株地上部分叶片无光泽，叶色变黄，生长停滞，节间变短，落花落果，严重影响胡椒的生长和产量。该病在通气良好的沙质土中发生较严重，栽培管理差、缺乏肥料（特别是缺乏有机肥）、土壤干旱的椒园易发生，在旱季寄主地上部症状表现更严重，一般减产20%～ 30%，严重者达50%以上。

胡椒花叶病也称胡椒病毒病，是胡椒的重要病害之一。我国海南、广东、广西、云南、福建等胡椒种植区普遍发生此病。胡椒花叶病由黄瓜花叶病毒侵染引起，近年有加重蔓延的趋势，已逐渐成为影响胡椒产业发展的一个重要限制因素。该病在高温、干旱、管理差、养分不足、蚜虫多的胡椒园发生严重。染病植株矮小畸形，长势衰弱，其生长量只及正常植株的1/2 ～ 1/3，植株主蔓节间变短，叶色斑驳，叶片皱缩变小、变狭、卷曲、畸形，果穗短、果粒少，结果不正常，生长受到抑制，产量低，重病园的病株率高达80%～ 90%，造成胡椒产量损失30%左右。

胡椒枯萎病又名慢性萎蔫病、慢性衰退病、黄化病，是仅次于胡椒瘟病的一种重要病害。20世纪20年代末、30年代初在印度尼西亚的邦加岛发生严重的黄化（枯萎）病，损失胡椒2 200万株，损失率90%；印度因枯萎病损失10%的胡椒植株，圭西那损失30%，在马来西亚、文莱也造成严重损失。在巴西由腐皮镰刀菌引起的胡椒枯萎病比胡椒瘟病造成的损失更严重，是巴西胡椒生产中的第一大病害。2002年以来，我国海南省文昌、琼海、万宁、儋州、琼中、白沙、乐东等地区和广东省湛江地区的一些胡椒园，先后发生胡椒枯萎病。该病多在结果胡椒园发生，其分布地区比胡椒瘟病范围更广，造成胡椒植株的损失达5%～15%，且有逐年增加的趋势。

胡椒细菌性叶斑病是胡椒种植区的重要病害之一。在我国海南、云南、广东、广西等胡椒种植区均有发生。1962年在海南省的一些胡椒园开始零星发生，1966年后此病逐渐普遍蔓延，70年代初在万宁大面积流行。该病在各龄胡椒中均可发生，其中大、中龄胡椒受害最严重。果穗感病后，初期病斑呈圆形、紫褐色．后期整个果粒变黑色，易脱落。重病植株叶片落光，枝蔓枯死脱落，甚至整株死亡，给胡椒生产造成严重经济损失。

胡椒炭疽病是一种分布广、极常见的胡椒病害。在海南、广东、广西、云南、福建等胡椒种植区都有发生。主要侵害胡椒叶片，严重时引起植株大量落叶而影响生产。

一、胡椒瘟病

（一）为害症状

病菌能有效侵染胡椒的主蔓基部、根、叶、枝条、花、果穗等器官，而以侵染茎基部（胡椒头）危害最严重，常引起整株胡椒萎蔫和死亡。主蔓基部离地面上下20厘米已经木栓化的部位受害，染病初期外表无明显症状，当刮去外表皮时可见内皮层变黑，木质部呈浅褐色。剖开主蔓见到木质部导管变黑，有褐色条纹向上下蔓延，病健交界处不明显（图1-1）。后期，外表皮变黑、腐烂、脱落（图1-2），从腐烂的木质部流出黑色液体（故也称黑水病），中柱分裂成一束松散的导管纤维。挖检病株，可见接近染病地下主蔓处的根系染病、变黑、腐烂，逐渐向根尖扩展，而下层其他根系尚未受害。这与胡椒水害、肥害先从根尖开始坏死，以后大根腐烂的症状有明显区别。主蔓基部感病的植株，整个叶蓬变得无光泽，叶色暗淡，呈失水状，最后叶片凋萎和脱落（图1-3）。如天气干热，这类病株可在几天之内骤然青枯，枯死的枝蔓一节一节地脱落。幼苗感病呈水渍状黑褐色腐烂（图1-4）。

叶片感病症状是识别胡椒瘟病的典型特征。植株下层枝蔓上的叶片最先感病，开始为浅褐色或灰黑色水渍状斑点，斑点迅速扩大成黑褐色、圆形或菱形或半圆形病斑（图1-5），边缘呈放射状扩展，环境潮湿时在病叶背面长出白色霉状物，即病菌的菌丝和孢子囊。气候干燥时霉状物消失，病斑变成灰褐色，病叶最后脱落。嫩枝蔓染病皮层产生水渍状、墨绿色病痕，严重时枝蔓一节一节脱落；花序和果穗染病一般由顶端开始，产生水渍状斑，以后变黑、干枯（图1-6）。

图1-1　初期木质部导管变黑

图1-2　后期外表皮变黑

图1-3　整株胡椒青枯落叶

图1-4　幼苗感病症状

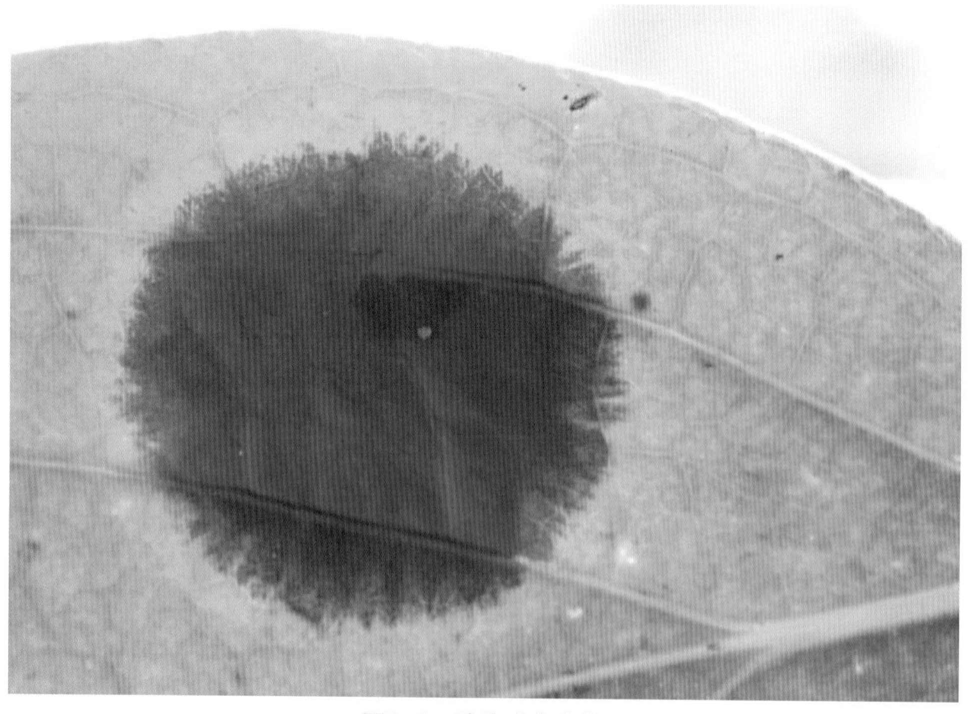

图1-5　叶片感病症状

图1-6　枝蔓和果穗感病症状

（二）病原

Muller于1936年首次记载并鉴定出胡椒瘟病的病原为棕榈疫霉胡椒变种（*Phytophthora palmivora* var. *piperis*）。其后，相继有人报道胡椒瘟病病原，并被归为棕榈疫霉（*Phytophthora palmivora*）。由于其形态特征与其他种不同，作为一个新变异体，也称为*Phytophthora palmivora*（Butl.）Butler MF4；又因它与马来西亚的辣椒疫霉（*Phytophthora capsici*）极其相似，因而又定名为辣椒疫霉。国内张开明等1991年对中国胡椒种植区胡椒瘟病病原菌进行分离、鉴定，证明辣椒疫霉和寄生疫霉为中国胡椒瘟病的主要病原菌。本书编者通过形态学和分子生物学技术，对采自海南省不同市（县）的胡椒瘟病病原菌进行系统鉴定，将引起海南省胡椒瘟病的病原菌鉴定为辣椒疫霉（*Phytophthora capsici*）。

辣椒疫霉（*Phytophthora capsici*），在胡萝卜琼脂培养基（CA）上菌落呈放射状、絮状，气生菌丝中等到繁茂（图1-7）。孢子囊形态、大小变异甚大，从近球形、肾形、梨形、椭圆形到不规则形，可见颗粒状内含物，大小为（50 ~ 110）微米 ×（25 ~ 60）微米，乳突明显，呈半球形，单个，偶见双乳突，排孢孔宽5 ~ 7微米；孢子囊易脱落，具长柄，柄长20 ~ 100 微米（图1-8）。

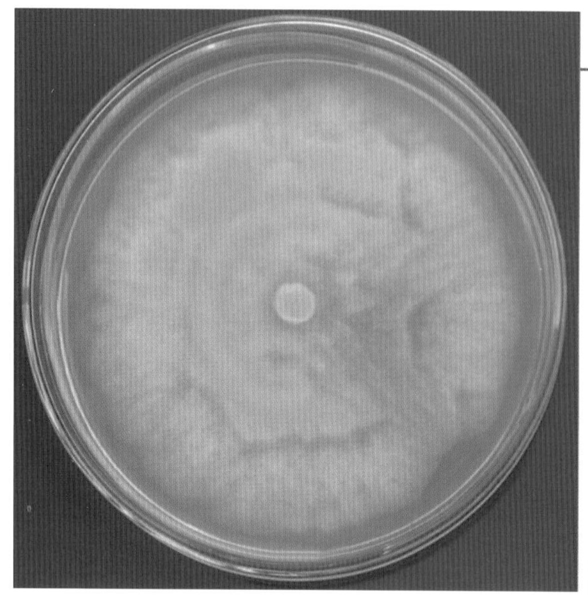
图1-7　菌落形态

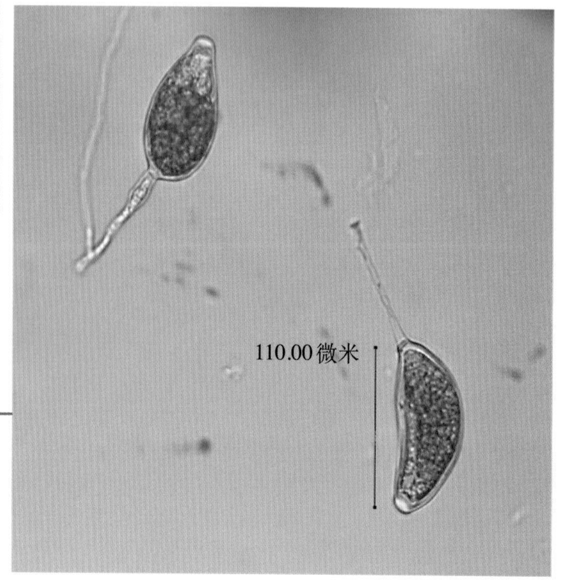

图1-8　孢子囊形态

（三）发生规律

病原菌在胡椒植株的病组织内和土壤中存活。带菌土壤、病（死）植株的病残组织及其他寄主植物均可提供初侵染菌源。病菌主要借流水和风雨传播，人、畜、农具、种苗和大蜗牛也能传病。孢子囊或游动孢子的芽管可从寄主的自然孔口或伤口侵入，亦可直接穿入幼嫩组织。接种木栓化胡椒主蔓，潜育期15 ~ 20天，接种嫩叶或嫩蔓，潜育期2 ~ 5天。

本病每年3 ~ 4月开始在少数植株上发病，9 ~ 11月是流行时期。该病一年中的发生流行大致可分为4个阶段：①中心病株出现阶段。一个无病椒园，最初出现的感病植株不多，贴近地面少数叶片先感病，或者出现零星死株。老病区此阶段不明显，周年都有病株出现。强台风影响下发病的椒园，由于风雨传播，病害开始发生时中心病株也不明显，一开始感病就比较普遍，感病叶片离地面较高，有时可在植株顶部。②普遍蔓延阶段。中心病株出现后，如不及时防治，病菌通过人畜的传播，近地面的叶片、花、果大量感病，叶片感病率普遍上升。此段时间大部分植株主蔓尚未表现症状。如继续遇到台风雨或连续雨天，叶片继续大量感病，流行速度加快，椒园普遍发病。③严重发病阶段。椒园普遍发病后，经过一段时间进入此阶段，主要与台风、降雨有关，条件适宜时这一过程较短，这时主蔓基部受到侵染，组织腐烂，死株急剧增加。根据观察，海南省严重发病死亡阶段多在9～11月，个别年份在12月，如继续降雨，还继续出现病叶。④流行速度下降阶段。严重发病的椒园大量植株死亡后，随着天气进入低温干旱期，病叶较少出现，病害流行速度下降。由于病菌在椒头组织内扩展缓慢，叶片变黄，枝条脱落死亡。但在老病区或椒园浸水或排水不良的情况下，流行过程不明显，以爆发形式严重流行。

胡椒瘟病的发生流行与气象因子有极密切的关系，在气象因子中，降雨（特别是台风雨后连续降雨）是病害流行的主要因素。病害的发生和流行主要取决于当年的降雨量。根据对海南省万宁地区五个流行年降雨量的分析，每年流行季节的月降雨量和当年发病有极密切的关系。年降雨量在2 000毫米以上的植椒区，流行期9～10月（个别年份9～11月）两个月的总降雨量超过1 000毫米时，就可能局部发生和流行；如流行期两个月的总降雨量超过1 000毫米时，持续降雨天数在15天以上，加上台风雨的影响，则可导致瘟病大面积流行。台风是加剧瘟病流行的重要因素。台风吹倒和动摇支柱，吹落大量叶片，给胡椒植株造成大量伤口，增加病菌侵染机会，特别是强台风把整株胡椒刮倒在地，不但扭伤椒头，而且使整株胡椒叶片大量染病。台风还将感病叶片吹到无病椒园，造成瘟病远距离传播。瘟病流行与温度有一定关系，从病害流行季节的温度来看，月平均温度在26～28℃，适合于病菌产孢、萌发和侵染，加上降雨量充沛，瘟病发生严重。较高的温度不利于病菌产孢繁殖，比较冷凉的天气有利于病害发生和流行。一般流行期9～11月的气温是适宜的。胡椒瘟病发生流行的适宜气候条件为：①流行期9～10月两个月的总降雨量超过1 000毫米；②温度在25～27℃；③田间相对湿度83%以上。

胡椒瘟病是一种典型的气候依赖性土传性病害。当气象因子满足病害发生条件时，病害的发生流行严重度与土壤质地、地形地势关系较密切。一般土质较黏重、排水不良和地势低洼积水的土壤发病较严重，发病后死亡率也比较高；反之，排水良好的沙质土发病较轻或少发病，不易造成大流行。栽培措施对胡椒瘟病发生流行也有一定影响，如选地不当，椒园过于集中，没有建好排水系统等，都有利于病害的发生和流行。

（四）防治措施

1. 农业防治

（1）培育壮苗。选用无病种苗，不引种病区种苗。

（2）选用排水良好的地块建立胡椒园，不选河边、水库边、水沟边等地势低洼积水地块及居民区附近地建园。

（3）搞好胡椒园基本建设，造好防护林。修建排水沟、等高梯田或起垄适当高种。胡椒园外应有深0.6 ~ 0.8 米、宽0.8 米的排水沟，园内每隔12 ~ 15株胡椒应开一条纵沟，梯田或垄应建有小排水沟，做到大雨不积水。

（4）不要连片大面积种植胡椒，一般一块胡椒园以0.2 ~ 0.3公顷为宜，四周做好围栏，防止家畜或无关人员随便进入。

（5）合理修剪，搞好椒园卫生。常年湿度较大的胡椒园，应修剪基部20 厘米以下的枝条，使椒头保持通风透光，一般在第二次割蔓后逐渐剪去“送嫁枝”，第三次割蔓时修剪完毕，如剪口较大，应涂上波尔多液（1：2：100）保护。雨季来临前，应对胡椒园土壤进行消毒，可用波尔多液均匀撒在冠幅内及株间土壤上。定期清洁椒园内和椒头枯枝落叶，集中园外低处烧毁。修剪下来的枝蔓不丢在园内。

（6）加强栽培管理。增施有机肥；改良土壤，不偏施氮肥，增强肥力，提高胡椒抗性；及时绑蔓；被台风吹倒、吹脱的胡椒应及时处理并更换损坏支柱，操作时尽量减少植株损伤，并填好支柱周围的洞穴。

（7）在发生瘟病椒园从事田间劳作后，应采取消毒措施方可进入无瘟病椒园；防止禽畜进入椒园；在发病椒园地面未干时不应进入；在发病椒园使用过的任何用具应及时消毒。

（8）旱季松土、晒土，减少地表层的病原菌；雨季前椒头适当培土，保证椒头不积水，培土用的泥土要预先翻松或从园外取新土。

（9）定期巡查病害。建立检查制度，专人负责巡查工作。巡查工作在大雨后进行，重点检查低洼处、水沟边、人行道、粪池附近的胡椒园地面落叶和堆放落叶的场所；根据胡椒瘟病的症状特征判断是否发生胡椒瘟病；发现瘟病应做好标记并及时处理。

（10）关注天气状况，特别是台风来临前，做好预防工作。

2. 化学防治

根据巡查结果确定需要采取药剂防治的椒园和植株。

（1）地上部分的化学防治

① 瘟病病灶（病叶、花和果穗）较少的，可在露水干后先除去病灶后再喷药保护。病灶太多或遇上雨天情况下，可先喷药1次，再除去病灶。要求将所有病灶集中园外合适的地方烧毁。

② 药剂及施药方法。用68%精甲霜·锰锌、25%甲霜·霜霉威或50%烯酰吗啉500倍液整株喷药，或在离最高病叶50厘米以下的所有叶片喷药。喷药时喷头向上，并由下而上喷，以确保叶片正反面都喷湿，以有药液滴下为宜。每隔7～10天喷1次，连喷2～3次。

（2）地下部分的化学防治

① 发病初期在中心病区（即病株四个方向各2株胡椒）的胡椒树冠下淋68%精甲霜·锰锌或25%甲霜·霜霉威或64%噁霜锰锌250倍液，每株淋灌药液5～7.5千克/次。视病情轻重，淋药2～3次。

② 土壤消毒。淋药后，用1%硫酸铜或68%精甲霜·锰锌、25%甲霜·霜霉威、50%烯酰吗啉500倍液对中心病区的土壤进行消毒。雨天湿度大时亦可用1：10粉状硫酸铜和沙土混合，均匀撒在冠幅内及株间土壤上。

③ 病死株处理。晴天及时挖除病死株，并清除残枝蔓根集中园外低处烧毁，不得将病死株残体丢进水中污染水源。病死株植穴用火烧、2%硫酸铜液消毒或曝晒半年以上。

（五）胡椒瘟病症状与水害、肥害的区别

胡椒瘟病是由疫霉菌感染引起的一种传染能力很强的土壤性病害。危害最大的是病菌侵入离地面上下20厘米的椒头和主蔓基部，造成主蔓基部木质部迅速腐烂，植株叶片突然凋萎，整株死亡。这时检查地下部根系，主蔓感病部位的根系腐烂变黑，而切口根和地下根系大部分仍是完好的。

水害植株主要表现为烂根，地上部叶片无光泽，顶部枝条停止生长，继而嫩叶脱节，后期整株胡椒叶片发黄，枝条脱节。地下部保存有比较多而完整的上层根，但切口根腐烂，严重的连地下根也腐烂，植株慢慢枯死。但是如遇连续大雨，椒园水位升高浸烂椒根而发生水害时，也会出现突然凋萎的植株。

肥害是因为施肥位置太靠近植株，肥料浓度过大，或施用不腐熟的有机肥引起。肥害初期的症状是嫩叶变淡绿，边缘出现烫伤黑斑，叶片干枯，植株生长缓慢。以后叶片变黄，施肥穴的根系小根先腐烂，大根表皮粗糙。随着骨干根腐烂，如不及时处理，腐烂的根系会逐步向主蔓扩展致主蔓中空，严重时植株会落叶落枝，最后死亡。

由水害和肥害引起死亡的植株，叶片没有病斑，胡椒头完好，没有出现溢流黑水现象，也没有传染能力。这是胡椒瘟病与水害、肥害的重要区别。

（六）一种快速检验是否胡椒瘟病的方法

直接从胡椒树上采摘新鲜胡椒叶片并用针刺伤3～5个小孔，将其埋在椒头土壤中，土壤要加入充足的水分保湿，2～3天后检查有无出现瘟病典型病斑，如有，说明土壤或病组织有疫霉菌存在。

二、胡椒根结线虫

（一）为害症状

线虫直接侵入胡椒根系，使受害根部形成许多不规则、大小不一的根瘤（图1-9）。根瘤初期乳白色，后变淡褐色或深褐色（图1-10），最后呈暗黑色。雨季根瘤腐烂，旱季根瘤干枯开裂。被害植株地上部分叶片无光泽，叶色变黄，生长停滞，节间变短，落花落果，严重影响胡椒的生长和产量，甚至整株死亡（图1-11）。

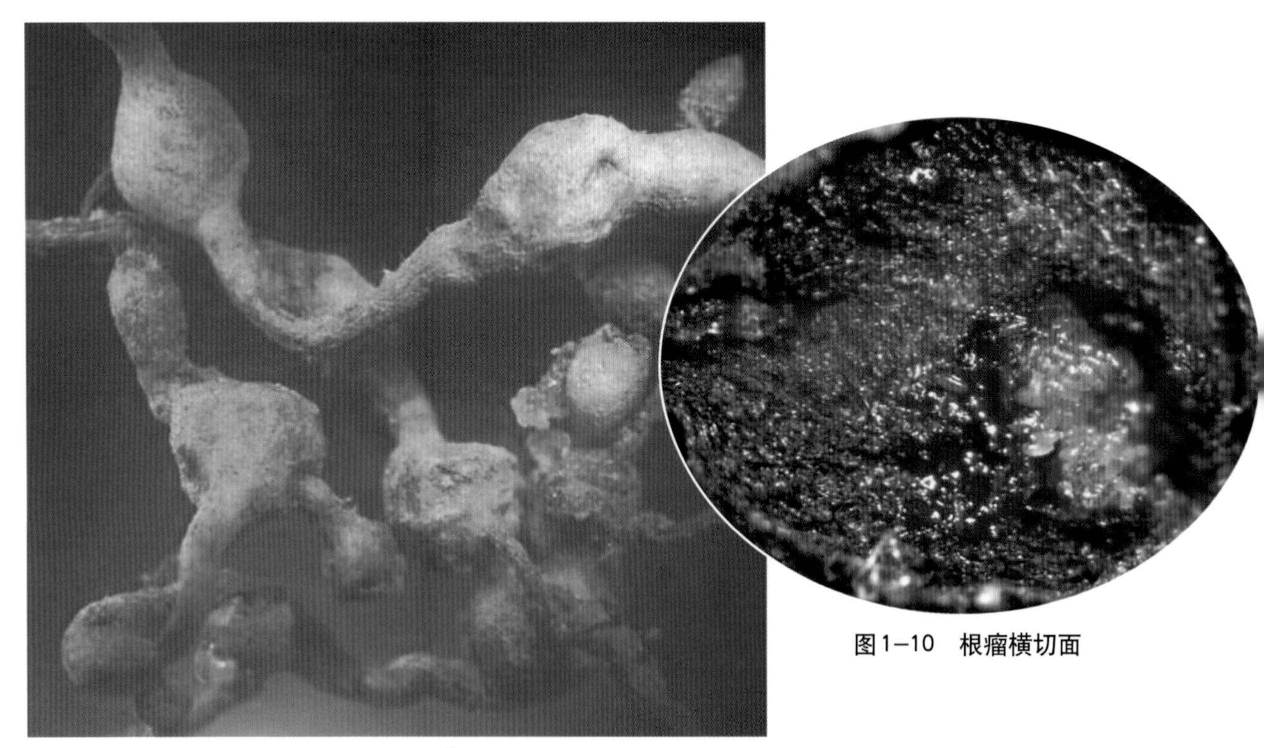

图1-10　根瘤横切面

图1-9　胡椒根系形成根瘤

图1-11　胡椒整株外表症状

（二）病原

主要类群为南方根结线虫（*Meloidogyne incognita* Chitwood），少量为花生根结线虫（*Meloidogyne arenaria*）。雌雄异体，幼虫呈细长蠕虫状。雄成虫线状（图1-12），尾端稍圆，无色透明，大小（1.0 ~ 1.5）毫米 ×（0.03 ~ 0.04）毫米。雌成虫梨形（图1-13），多埋藏在寄主组织内，大小（0.44 ~ 1.59）毫米 × （0.26 ~ 0.81）毫米。该属线虫世代重叠，终年均可为害。

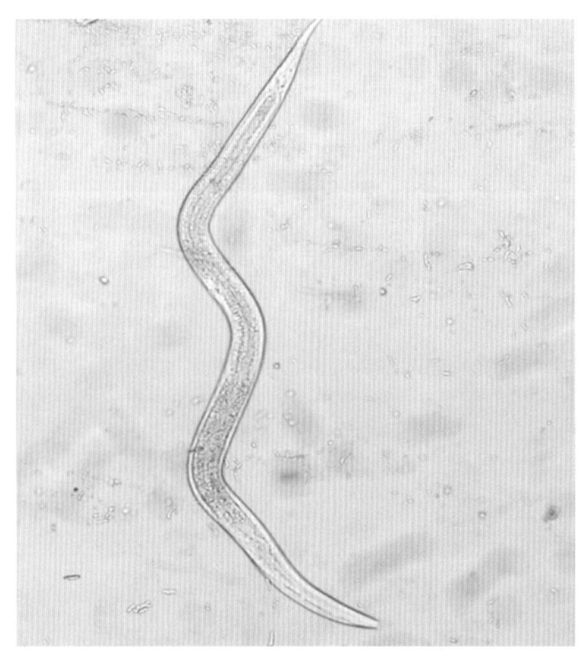
图1-12　雄成虫

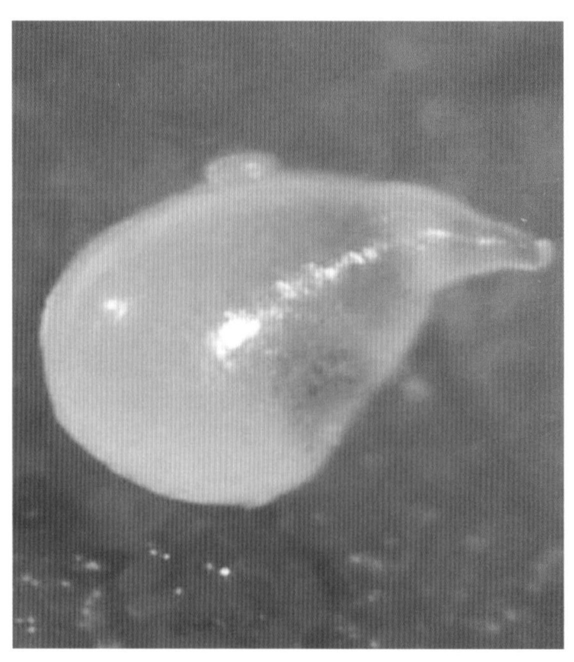
图1-13　雌成虫

（三）发生规律

根结线虫的分布广泛，寄主植物多，据报道根结线虫的寄主有1 700多种。在海南除为害胡椒外，还侵害香蕉、菠萝、番木瓜、番石榴、甘蔗、茶树、咖啡、可可、香茅、西瓜、辣椒、茄瓜、丝瓜、苦瓜等。在种过根结线虫寄主植物的土地上种植胡椒容易发生胡椒根结线虫病。在海南各植区土壤中终年均可发现根结线虫2龄幼虫，因此寄主植物全年可被侵染感病。

病原线虫多分布在10 ~ 30 厘米深的土层内，以卵或幼虫随病体在土壤中存活，寄主存在时孵化出的2龄幼虫侵入为害。根结线虫病的发生和流行与土壤类型、气候和栽培管理等有关。一般在通气良好的沙质土中发生较严重，栽培管理差、缺乏肥料（特别是缺乏有机肥）、土壤干旱的椒园易发生，在旱季寄主地上部症状表现更明显、严重。6～8月气温较高，降雨量偏小，土壤中2龄幼虫密度相对较大；9～10月降雨量增大，土壤温度较高，2龄幼虫密度开始降低；进入11月后，降雨量减少，气温回落，2龄幼虫密度较前两个月又逐渐上升。雌成虫周年的寄生量比较均匀。初侵染源来自病根和土壤，引种带病种苗是重要的传播途径。由于线虫在土壤中的移动距离非常有限，再侵染主要靠灌溉和流水，人畜的行走、肥料、农具运输等亦能传播。

（四）防治措施

1.农业防治

（1）培育壮苗。培育胡椒种苗的苗圃应选择远离严重发生根结线虫的胡椒园，苗圃四周应设有阻隔设施，以防止外界水源流入和土壤传入；不应从发生根结线虫的胡椒园取土育苗；苗床用土应在太阳下曝晒15天以上；应从长势良好的胡椒植株上剪取插条培育种苗；不应将感染线虫病的种苗出圃。

（2）正确选地。不应选用前茬种植过花生、香蕉、番茄等作物的地块种植胡椒。

（3）园区土壤处理。选择干旱季节开垦胡椒园；深翻土壤40厘米以上，翻晒2～3次，以降低线虫虫口密度。在近水源处，也可引水浸田2个月以上，排干水后再整地种胡椒。

（4）加强栽培管理。适施磷钾肥，增施有机肥，以改良土壤、提高肥力、增强胡椒抗性；定期清理园区杂草及周围野生寄主；冬季及高温干旱季节在椒头盖草，保持椒头湿度；把胡椒根系引入40厘米以下的土层里，使胡椒根系发达、生势旺盛，能增强植株对线虫的抵抗力。

（5）加强对1年生幼苗的管理，常年保持完整荫蔽物，坚持每月施腐熟水肥2次，椒头常年覆盖，保持湿度，防干旱，连续10天不下雨时要淋水。

（6）定期巡查病害。每月巡查1次，根据植株长势、叶片颜色、根系产生根结等情况，综合判断是否有根结线虫为害。如有根结线虫为害，应及时做好标记并施药防治。

2.化学防治

对发生根结线虫为害的植株，施10%噻唑膦颗粒剂10～15克/株或0.5%阿维菌素颗粒剂20～35克/株，每隔60天施药1次，连施2次。施药方法：沿胡椒植株冠幅下缘开挖环形施药沟，沟宽15～20 厘米、深15 厘米，药剂均匀撒施于沟内，施药后及时回土；或沿根盘四周松土5～10 厘米深施药。

三、胡椒花叶病

（一）为害症状

胡椒花叶病表现两种类型的症状。轻微感病的胡椒植株只在叶片上出现花叶症状，而植株其他部分生长发育正常，产量也表现正常，甚至有时部分感染的茎蔓表现出一部分枝叶正常，一部分枝叶表现感病症状。随着病情的发展，感病植株通常表现为叶色斑驳，形似马赛克，叶片变小、皱缩、变狭、卷曲、畸形，残存的叶片边缘坏死，叶组织硬而易碎（图1-14）。严重感病的胡椒叶片成熟前通常脱落，植株生长受到显著抑制，茎蔓发育迟缓，植株矮缩（图1-15），果穗短、果粒少，结果不正常，生长受到抑制，产量低，重病园减产30%左右，品质差。

图1-14　感病轻微型叶片表型差异

图1–15　感病严重型植株长势差异

通常健康植株株高约240 厘米，冠幅约200 厘米。而感病植株高约180 厘米，为健康植株的2/3；冠幅约90 厘米，为健康植株的1/2。花穗短，且多数在坐果前脱落，残留的果穗短、结果少、果实小（图1-16），导致产量下降。感病植株节间变短，植株生长不良，感病枝条表现出典型的丛枝病特征（图1-17）。吸收根少且易坏死，地下茎蔓的皮层组织增厚且呈暗褐色，对施肥反应差。

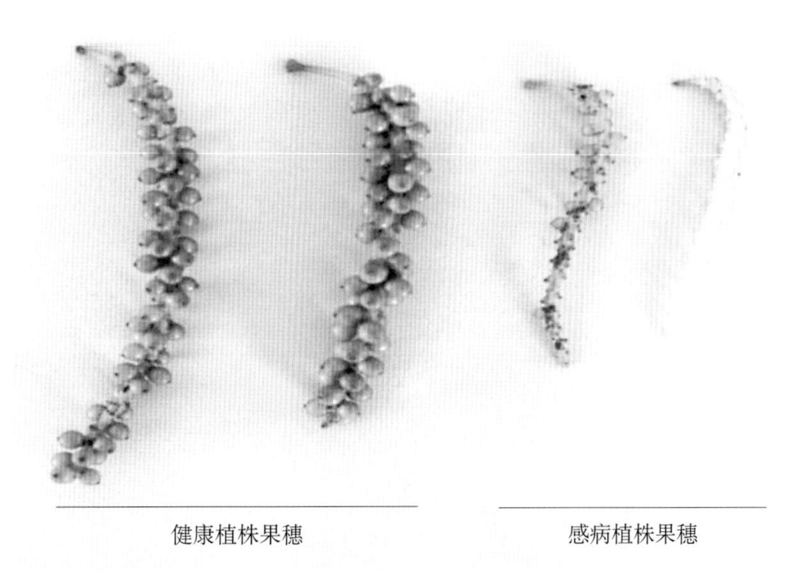

图1–16　感病胡椒植株果穗（花穗）与健康植株果穗的差异

图1-17　感病胡椒枝条和健康枝条的比较

（二）病原

病原为黄瓜花叶病毒（*Cucumber mosaic virus*, CMV），是一种世界性分布的病毒，为近球形的二十面粒体，直径为27 ～ 30 纳米（图1-18）。CMV在室温下干燥72小时即失去活性，高温65 ～ 70℃下10 分钟即死亡。CMV属于雀麦花叶病毒科黄瓜花叶病毒属，是寄主范围最为广泛的RNA病毒之一，能侵染85科365属1 000多种单、双子叶植物。

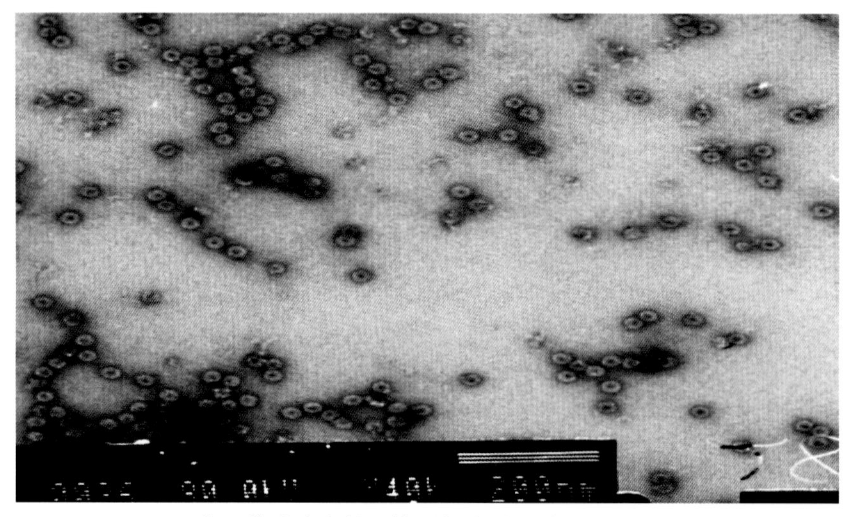

图1-18　黄瓜花叶病毒粒子的透射电镜图像（de Silva 等，2002）

（三）发生规律

1. 侵染与传播

胡椒花叶病不会通过种子或土壤传播。主要通过种苗、插条苗以及割取插条苗的刀具等传播。胡椒花叶病远距离传播主要通过感病的种苗（插条），从一个地区传播到另一个地区；而田间短距离传播主要靠蚜虫，由棉蚜在胡椒植株间直接传毒。棉蚜传播该病不需要任何中间寄主。带毒的棉蚜可在田间胡椒植株之间直接传毒，使胡椒感病。CMV在一些寄主植物上可以通过汁液摩擦接种传播，但在胡椒上，汁液摩擦接种不能传病，这或许与胡椒叶片中含有单宁之类抑制病毒的物质有关。

2. 发病规律

气候因素、椒园管理、土壤环境、蚜虫种群动态和胡椒品系的抗病性等，是影响胡椒花叶病发生流行的主要因素。高温、强光照、干旱会抑制胡椒植株生长和降低其抗病能力，病毒的潜育期缩短，同时，高温、干旱有利于传毒媒介（蚜虫等）的繁殖、迁飞和取食活动，有利于病毒迅速传播和复制，加剧胡椒花叶病的发生和流行。

椒园管理差，特别在苗期管理不当，幼苗徒长或生长衰弱，以及肥水管理不当，均有利于发病。养分不足，胡椒生长不良，发病率高且症状严重，感病越早的植株病情越重。偏施氮肥，幼嫩组织较易感病，也利于该病的发生流行，且症状表现明显。土壤瘠薄、排水不良的椒园，胡椒植株长势衰弱，发病也重。生长年限较长、杂草丛生的胡椒园也利于该病的发生。此外，土壤中缺钙、钾等元素，追肥不及时，能助长花叶病的发生。在椒园有带毒胡椒植株的情况下，蚜虫发生的迟早和数量与胡椒花叶病发生及流行的轻重呈正相关，尤其是田间有翅蚜的数量和迁飞直接影响该病在椒园的传播。胡椒植株的抗病性与胡椒花叶病的发生与流行有一定的关系，目前尚未发现抗CMV侵染的胡椒品系。

（四）防治措施

1. 农业防治

（1）从健康植物上割取种苗，培育壮苗定植。

（2）耕作改制，间作套种。实行合理的间作套种，隔绝毒源和介体传播，达到避免病毒侵染的目的。

(3) 优化肥水管理，改善胡椒生长环境，创造不利于CMV侵染繁殖的条件，抑制病害的发生。椒园干旱有利于胡椒花叶病的侵染和流行，要及时灌水，做到浅水灌溉，并结合排水烤田。

(4) 合理施肥。避免偏施氮肥，氮、磷、钾肥配合施用；增施充分腐熟的有机肥，适量施用微肥；合理掌握肥料用量，基肥要足，追肥要早。

(5) 搞好椒园卫生。铲除椒园及周边的杂草，及时摘除病叶、拔除病株、铲除发病中心、清除田间病残体，并集中烧毁，尽量减少毒源，减轻或控制胡椒花叶病发生流行。

(6) 加强栽培管理。胡椒定植后经常检查及补插庇荫物，直至幼苗枝条能自行荫蔽椒头（约第二次割蔓后）时，方可除去庇荫物。割蔓应在雨季或雨后进行，不要在高温干旱季节进行，以避免病毒的侵入。

2. 化学防治

治虫防病是胡椒花叶病的重要防治措施和应急措施。幼龄胡椒植株发病，叶面喷洒病毒必克1 000倍液，可减轻危害；同时可喷10%吡虫啉2 000倍液防治传毒昆虫如棉蚜等。

四、胡椒枯萎病

（一）为害症状

病原菌可侵染苗期和成株期的胡椒，多发生于成株期。病菌从根部和埋入土中的主蔓部侵入，属维管束系统病害。植株感病后，叶片褪绿，叶片、花及果穗变小，畸形，稔实少、果小，叶片自下而上、由内向外变黄凋萎脱落，最后整株枯死。地上部症状分为慢性型和急性型2大类：①慢性型。常呈现典型的“半边死”症状：同一支柱两侧种植的两株胡椒，一株的枝叶已变褐枯死，另一株的叶片才开始褪绿变黄，不同病株的褐色枯死枝叶与黄绿色枝叶混杂相间。症状表现期持续时间较长，通常可达1年以上（图1-19)。②急性型。初期表现为植株停止生长，顶端叶片褪绿、变黄，随后自上而下扩展至植株大部分叶片发黄、变褐脱落，最后整株枯死。症状表现期一般持续4 ~ 6个月，初期症状同慢性型相似，但发病半年左右，植株突然失水萎蔫，短时间内枯死，大量叶片萎垂不落（图1-20)。地下部分为主根先受害，变色腐烂。观察病株主蔓、枝条横切面，可见中柱维管束和髓部变色坏死，其纵切面可见病变坏死的维管束和髓部呈线条状和斑点状，越靠近主蔓基部颜色越深。潮湿时在茎基部长出粉红色霉状物。

图1-19　慢性型

图1-20　急性型

（二）病原

自20世纪30年代初，胡椒枯萎病就开始在国外发生。有关此病的报道不少，但多未肯定病原或意见不一。20世纪80年代，基本意见均趋向于该病是由镰刀菌和线虫复合侵染所致。我国研究报道认为该病是由尖孢镰刀孢菌（*Fusarium oxysporum*）及线虫共同侵染引起的（图1-21）。

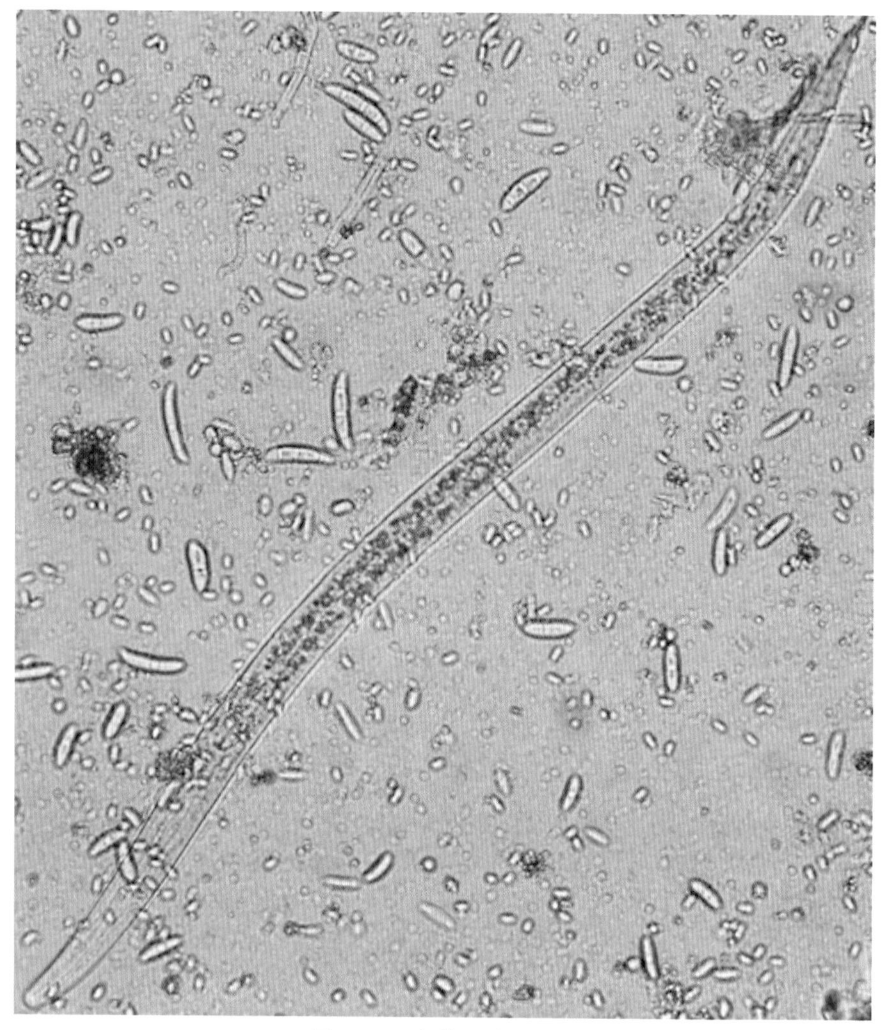

图1-21　胡椒枯萎病病原

（三）发生规律

胡椒枯萎病全年均有发生，以10月至翌年3月发病较集中。气候及土壤因素是影响该病发生的主要因素。高温、干干湿湿的气候有利于本病的侵染和扩展。气温在20～30℃时最适合此病的发生流行。土壤黏重、酸性较大、肥力低、排水渗透性差、湿度高、低洼积水的胡椒园易发病，施城镇垃圾肥、伤根多的植株易发病。大风、大雨或人畜活动频繁的椒园病害扩展蔓延快，降雨量大、降雨天集中、降雨持续时间长发病严重。土质好、肥力高、保水渗透性好、生长健壮的植株发病少。

该病的发生流行受耕作栽培条件的影响也很大。多年连作的胡椒园，病菌在土壤内不断积累，发病严重。深翻和精耕细作的胡椒园，胡椒生长旺盛，抗病力强，发病轻。在缺钾等养分的椒园，胡椒枯萎病特别严重，偏施氮肥有促进病害发展的趋势。

（四）防治措施

1. 农业防治

（1）选用排水良好的地块建立胡椒园；建好胡椒园排灌系统，既防土壤渍水，也防土壤干旱。

（2）培育和选种无病壮苗，严禁从病区引进种苗。

（3）合理施肥，施足基肥，增施有机肥，不偏施化肥。栽种时的底肥，特别是火烧土不要与根系接触；追肥时要用腐烂的有机肥，以免发生肥害。

（4）线虫数量多的胡椒园应施用杀线虫剂，减少线虫伤根，降低枯萎病发生率。

2. 化学防治

（1）发病初期喷施和淋灌45%噁霉灵·溴菌腈可湿性粉剂500倍液，或绿亨1号+多菌灵（1：1）500倍液，每隔7 ～ 10天1次，连用3次。

（2）发现病株，及早挖除，并将枯枝、落叶、落果等集中园外烧毁，再用石灰6千克，或硫酸铜粉1千克，由下而上逐层均匀地撒施到面积1米^2、深40厘米的病土中杀菌。

（3）在病健株间挖一条宽30厘米、深40厘米左右的防病隔离沟，用75%百菌清400倍液或草木灰喷撒沟内。靠近病株的健株及其周围的地面，则用75%百菌清+25%多菌灵（1：1）500倍液或灭病威500倍液喷雾，至健株布满液雾及地表湿透。每半月1次，连续2 ～ 3次。

五、胡椒细菌性叶斑病

（一）为害症状

胡椒细菌性叶斑病在各龄胡椒园均有发生。以大、中椒发病较多，叶片、枝蔓、花序和果穗均受害，主要侵害老熟叶片。叶片感病后，初期出现水渍状斑点，几天后病斑变为紫褐色，呈圆形或多角形，随后病斑渐变为黑褐色。后期许多病斑汇合成为一个灰白色大病斑，边缘有一黄色晕圈，病健交界处有一条紫褐色分界线。潮湿条件下，叶片背面的病斑上出现细菌溢脓，干后形成一层明胶状薄膜（图1-22）。病叶早期脱落，严重时只留下光秃的蔓。枝蔓较少受害，病菌多从节间或伤口侵入（图1-23），呈不规则形的紫褐色病斑，剖开枝蔓病组织可见导管已变色。果穗感病后，初期病斑呈圆形、紫褐色，后期整个果粒变黑色，易脱落（图1-24）。

图1-22　叶片受害

图1-23　枝蔓受害

图1-24　果穗受害

（二）病原

1978年印度报道为 *Xanthomonas campestris* pv. betlicola（Patel. et al.）Dye，属野油菜黄单胞菌蒌叶致病变种。1981年文衍堂等鉴定，认为海南胡椒细菌性叶斑病的病原菌与印度报道的相同。该病原菌菌落呈圆形，直径1～2毫米，表面光滑，闪光，边缘完整，乳酪状，低度凸起，半透明或不透明，乳白带浅黄色（图1-25）。菌体短杆状，末端圆形，大小为（0.4～0.7）微米×（1.0～2.4）微米，单个或成双排列（图1-26），也有3～5个排成短链状。革兰氏染色阴性反应。无芽孢，鞭毛单极极生。该菌除侵害胡椒外，还能侵染蒌叶、假蒟、海南蒟等胡椒属植物。国外报道还可侵染柠檬、菜豆等植物。本病潜育期为10～14天。

图1-25 菌落形态

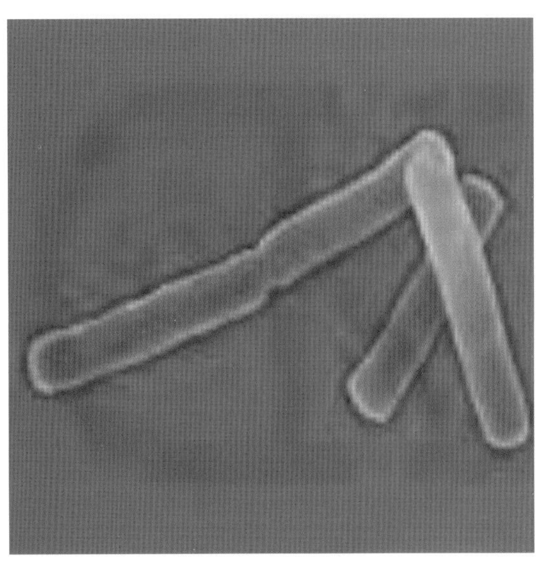

图1-26 菌体形态

（三）发生规律

本病的主要侵染来源是带病种苗和田间病株及其残体，病菌在病组织内可存活1个月以上。感病的野生寄主也是侵染来源之一。病菌潜育期10～14天。病组织上的干细菌溢脓遇水溶解，借雨水传播，雨水能冲散病斑上的细菌溢脓，分散的细菌随着雨水流到下层叶片上和土壤里，溅散的雨滴又能把土中细菌带回到下层叶片上使其发病。露水、流水、风雨、昆虫及工人在田间操作时也能传病。病菌通过伤口和自然孔口侵入寄主。

本病的发生与降雨量、台风、温湿度及栽培管理有密切的关系。①降雨量（高湿度）是本病发生发展的基本条件，雨水能有效地传播病原细菌。降雨期间椒园湿度高，胡椒叶片上形成水膜，更有利于病斑上菌脓的产生、细菌的传播和侵入。因此，降雨量大的年份发病严重。②台风（雨）是本病流行的主导因素。台风期间，风夹雨能远距离地传播病原细菌。这种天气最有利于病原细菌的繁殖、侵入和扩展，重复侵染也多。同时，胡椒遭受台风袭击后，出现大量伤口，抗病力下降，使病原细菌很快与胡椒建立寄生关系，发病率和发病指数迅速上升，并在短期内出现流行。1985年9～10月，海南地区连续遭受两次强台风袭击，万宁县某农场的胡椒园153株胡椒，台风前仅有4株胡椒感病，台风后病情急剧上升，153株胡椒全部感病，发病率100%。重病株大量落叶，生长受到严重影响。③温度对本病有一定影响。上半年高温干旱，不利于病原细菌的繁殖、传播和侵入，发病缓慢，病情轻；下半年气温较低，又是台风季节，有利于病原细菌的繁殖、传播和侵入，新病斑迅速增多，扩展快，病情严重。④防护林稠密的椒园，虽经台风袭击，但发病仍较轻；反之，防护林稀疏或无防护林的椒园，台风后发病较重。在同一椒园里，靠近防护林的胡椒发病较轻；远离防护林以及迎风面的胡椒发病较重。⑤胡椒园过于集中，面积过大，有利于病原细菌传播，发病较重；反之，椒园分散，每个椒园面积小的（0.2～0.3公顷），可避免或减轻病害发生。⑥雨天或露水未干，进入椒园进行农事操作，容易人为地促进病菌传播和病区扩大。如海南省万宁市兴隆某椒园，1984年6月初只有病椒26株，6～7月因工人常在露水未干时采果，导致7月底病椒增加到56株。当天摘除病叶（花、果）后，没有及时喷药保护的也容易导致病害扩散，加重病情。

（四）防治措施

1.农业防治

（1）培育和选种无病壮苗，严禁从病区引进种苗。

（2）选择排水良好的地块建园；胡椒园面积以0.2～0.3公顷为宜；建设胡椒园内外的排水沟，营造防护林。

（3）做好椒园抚育管理。定期清除枯枝落叶并及时清出园外集中烧毁；定期清理胡椒园杂草，降低园中湿度；雨季来临前清理病叶并集中园外烧毁；适当施用磷钾肥，增施有机肥，改良土壤，提高肥力，增强植株抗病能力；在发病园区修剪操作后的工具应及时消毒；在雨季进入胡椒园之前应对鞋子进行消毒；雨天或露水未干时，不进入病园作业。

（4）定期巡查病害。建立检查制度，重点在雨季及时做好检查工作，主要检查植株下层叶片。发现植株上有病状时，应及时将病叶、病枝、病花和病果摘除，集中园外烧毁，做到“勤检查，早发现，早防治”。

2. 化学防治

根据巡查结果确定需要采取化学防治的椒园和植株。

（1）轻病园的防治。先摘除病部，然后用1%波尔多液，或77%可杀得可湿性粉剂500倍液、72%农用硫酸链霉素可溶性粉剂2 000倍稀释液，喷洒病株及其邻近植株，同时用同样药液喷洒病株附近地面，每5 ～ 7天喷洒1次，连喷3 ～ 5次。

（2）重病园的防治。对重病园（或植株），可喷施1%以下硫酸铜液促使整株叶片脱落，然后整株及地面喷施77%可杀得可湿性粉剂500倍液、72%农用硫酸链霉素可溶性粉剂2 000倍稀释液；喷药后增施肥料，适当遮阴，使其恢复生长；胡椒抽出新叶后，对再感病的胡椒按照轻病园的防治措施处理。

六、胡椒炭疽病

（一）为害症状

发病初期叶片上出现褪绿斑点，随即病斑变为暗褐色，扩大成不规则的圆形，有黄色晕圈，坏死部分呈灰褐色，继而变为灰白色（图1-27），在叶缘和叶尖产生灰褐色，后变成灰白色的圆形或不规则形大病斑，外围有黄晕，病斑上有众多小黑粒，常排列成同心轮纹。其上散生或轮生小黑点（病菌的分生孢子盘）。潮湿条件下受害叶片在被侵染10 天左右脱落。嫩枝受害扩展成黑色坏死病斑，侵染严重时可导致嫩枝干枯。病菌为害幼嫩果穗，引起果穗脱落，果粒干枯、颜色变黑，发病部位腐烂。果实受害时，最初症状与枝条的相似，严重时成熟椒果果皮破裂、腐烂。

图1-27　叶片受害症状

（二）病原

1975年Nambiar等报道胡椒果实凹陷、粒轻和畸形的症状，指出该病与胶孢炭疽菌[*Colletotriehum gloeosporioides*（Penz.）Sacc.]有关（图1-28），也有报道与辣椒刺盘孢菌[*Colletotriehum capsici*（Syd.）Butler et Bisby]有关。1994年张开明等将引起该病的病原菌鉴定为黑刺盘孢菌（*Colletotrichum nigrum* Ell.et Haist）。

图1-28 分生孢子盘和分生孢子

（三）发生规律

该病菌以菌丝体和分生孢子盘在枯枝、病叶、病果等病组织中越冬。翌年春季当温湿度条件适宜时，便会产生大量分生孢子，分生孢子借风雨和昆虫传播。落在叶面上的分生孢子在高湿条件下萌发产生芽管，从气孔、伤口或直接穿透表皮侵入寄主，潜育期3 ～ 6天。新的病叶又产生孢子，再散播、为害。1年内有多次的再侵染。该病的发生与气候及环境条件关系密切。相对湿度大于90%时才可发病，高温晴朗抑制其发生发展。受温湿度影响，形成多次发病高峰；寒害严重时，伤口多易发病。地势低洼、冷空气沉积、日照短、荫蔽潮湿的胡椒园发病严重。此病全年均可发生，在高温多雨季节流行。老叶受高温日灼后遇雨最易发生此病，生长势差的植株或受风害损伤的叶片发病严重。

（四）防治措施

1.农业防治

（1）搞好椒园卫生。及时清除病叶、病果等病组织，清理出园外并集中烧毁或深埋。

（2）加强椒园抚育管理。适时修剪枝条、叶片等，采用配方施肥技术，加强施肥管理，增施有机肥和钾肥，提高植株抗病力。

（3）雨后及时排水，防止湿气滞留。

2.化学防治

初发病时喷施1%波尔多液，或75%百菌清可湿性粉剂400倍液，或50%多菌灵可湿性粉剂500倍液，每隔7 ～ 14天喷药1次，连续喷施2 ～ 3次。

七、胡椒藻斑病

（一）为害症状

主要为害叶片、果实、枝蔓等器官。感病部位产生圆形锈色小斑点，其上长出红锈色毛毡状物（图1-29，图1-30），即寄生藻类的营养体和繁殖体。发病严重时，病斑密集成片，病叶脱落，病果变黑、萎缩、脱落。

图1-29　叶片受害

图1-30　果实受害

（二）病原

头霉藻属*Cephaleuros virescens* Kunge，为一种寄生性锈藻。其繁殖体为孢子囊，3 ～ 6顶生，球形或椭圆形，直径40 ～ 50微米，略呈橘黄色，有直立的柄，孢子囊内有许多游动孢子（图1-31）。

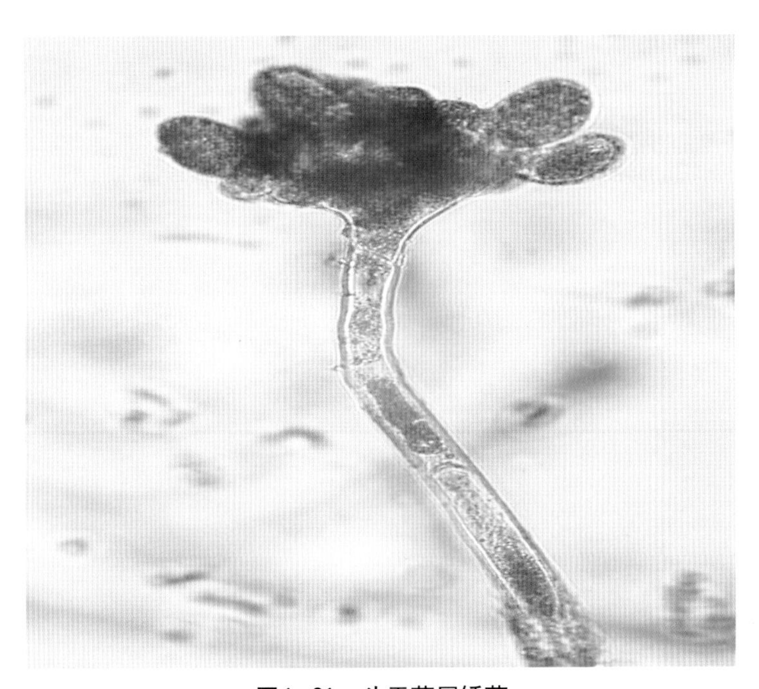

图1–31　头霉藻属锈藻

（三）发生规律

该病是以病原的营养体在病组织中越冬。翌年雨季潮湿条件下产生孢子囊，孢子囊在水中散发出游动孢子，并随雨滴飞溅或气流传播，从胡椒植株皮层裂缝处侵入。在降雨频繁、雨量充沛的季节，病害流行。土壤瘠薄、缺肥，或保水性差，易干旱、水涝等原因，致使长势衰弱的以及过度荫蔽的胡椒园易发病。

（四）防治措施

1.农业防治

清沟排水，勤除杂草，及时清除胡椒园的枯枝落叶，增施复合肥，改良土壤，以增强树势、减轻发病。

2. 化学防治

发病初期喷施1%波尔多液，或喷施75%百菌清可湿性粉剂600倍液，或50%多菌灵800～1000倍液，以控制病害的发展。

八、胡椒煤烟病

（一）为害症状

主要为害叶片和果穗。叶片被煤烟状霉层（菌丝体及子实体）覆盖而变黑（图1-32）。被害果穗、果轴亦变黑，受害轻的果实表面出现黑色霉点，严重的全果变黑。多数时候在煤烟状霉层中还混有刺吸式口器害虫（如介壳虫、蚜虫等）（图1-33）排泄的黏质物（俗称“蜜露”）。严重发生时，光合作用受阻，导致产量和果实品质降低。

图1-32　叶片变黑呈煤烟状

图1-33　枝蔓介壳虫为害

（二）病原

子囊菌亚门小煤炱菌（*Meliola* sp.）和刺盾炱菌（*Chaetothyrium musarum* Speg.）。

（三）发生规律

两种病菌均以菌丝体和有性子实体（闭囊壳）在病株和病残体上存活越冬。小煤炱菌属专性寄生真菌，其菌丝体表生，借吸器伸入寄主表皮细胞内吸取养分而繁殖。刺盾炱菌为非专性寄生真菌，其菌丝体亦为表生，通常靠刺吸式口器害虫排泄的蜜露为养料而繁殖。两种病菌可单独或混合侵染引致煤烟病。温暖潮湿、通透性不良的胡椒园易诱发病害。介壳虫、蚜虫等严重为害时也易诱发此病。

（四）防治措施

1. 农业防治

适度修剪，提高树冠内部的通风条件。

2. 化学防治

选用10%吡虫啉2 000倍液及时防治蚜虫类、蚧类、粉虱类害虫，是防止煤烟病发生的根本措施。再喷50%甲基托布津可湿性粉剂800倍液或50%多菌灵可湿性粉剂400倍液。每5天1次，连续2～3次。

九、胡椒毛发病

（一）为害症状

该病主要为害胡椒蔓。以病原菌的菌丝索附着在枝蔓表面，枝蔓上缠绕许多散乱无序的漆黑色毛发状物（图1-34），以菌丝索在胡椒枝蔓上越冬。在温暖潮湿的春季开始萌动生长，并深入枝蔓组织内部吸收养分，使胡椒长势衰退，从而影响胡椒产量。

图1-34　枝蔓漆黑色毛发状物

（二）病原

马毛小皮伞菌（*Marasmius equicrinis* Mall）（图1-35），属伞菌目伞菌亚目伞菌科皮伞菌属。

图1-35　马毛小皮伞菌

（三）发生规律

该病只在极少数椒园胡椒植株上发生。春季开始时如椒园湿度大、通风透光不良、管理粗放、阴湿郁蔽或偏施氮肥，植株抗病性差的植株容易零星发病。

（四）防治措施

1. 农业防治

发现此病后，及时清除感病枝蔓上的菌索，减少菌源；根据胡椒生长情况进行适度修剪，保持植株通风透光；加强管理，增施磷钾肥，以增强胡椒植株抗病性，减轻发病。

2. 化学防治

可喷施75%百菌清可湿性粉剂800倍液，或50%多菌灵可湿性粉剂800倍液，或1%波尔多液，隔10 ～ 20天再喷1次。

十、胡椒根粉蚧

（一）分类地位

胡椒根粉蚧（*Planococcus lilacinus*），属同翅目，粉蚧科。

（二）形态特征

成虫：雌成虫呈椭圆形，一般体长2.5 ～ 3.5毫米（除蜡线外），宽1.2 ～ 1.5毫米，背稍隆起，虫体呈紫色，背面被白色蜡粉（图1-36）。雄成虫呈橄核形，黄褐色，长1.0 ～ 1.3毫米，宽0.3毫米，翅展2.5毫米，触角丝状，淡黄色，长0.7毫米，由10个环节组成，活雄成虫尾端具有一对长蜡毛。

卵：卵呈椭圆形，紫色，常聚集成堆，外有密集白色蜡粉包裹。

若虫：初孵若虫为紫红色，外形和雌成虫相似，背扁平，无蜡粉（图1-37）。随虫龄增长，蜡粉增加，体边缘的蜡线亦随虫龄增长而明显突出。

图1–36　成　虫

图1–37　若　虫

（三）发生及为害

胡椒根粉蚧是为害胡椒根部的重要害虫，以若虫及雌成虫生活于胡椒根部（图1-38）。胡椒受害后轻则长势衰退，造成减产，重则烂根至整株枯死。此虫以若虫在寄主根部湿润的土壤中越冬，翌年3～4月为第一代成虫盛发期，6～7月为第二代成虫盛发期，世代重叠，一般完成一代需60多天。一般喜在茸草及灌木丛生、土壤肥沃疏松、富有机质和稍湿润的林地发生，主要靠蚂蚁传播。

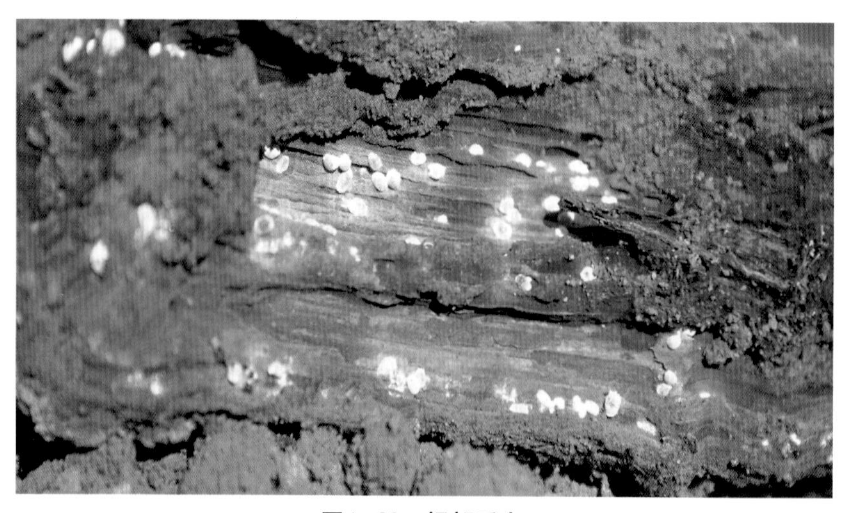

图1–38　根部受害

（四）防治措施

1. 农业防治

（1）培育健壮种苗，不引种带虫胡椒苗。

（2）加强田间管理，避免胡椒园土壤过分干旱；定期铲除杂草，保持胡椒园清洁，创造不利于胡椒根粉蚧发生的条件。

（3）及时防治蚂蚁，控制田间蚂蚁数量，阻断其传播媒介，以减小根粉蚧在田间传播范围。

2. 化学防治

幼苗期被害初期，在植株根颈周围、深约10 厘米的土层中撒施3%毒死蜱颗粒剂，每株施药5 克；中龄胡椒受害，先挖开植株根部周围宽约30 厘米、深约10 厘米的表土，每株施药30 克，然后盖土踏实；结果胡椒受害用48%乐斯本乳油1 000倍液或40%辛硫磷500倍液灌根，每株药液用量500 毫升。

十一、胡椒丽绿刺蛾

（一）分类地位

胡椒丽绿刺蛾［*Latoia lepida*（Cramer）］，属鳞翅目，刺蛾科。

（二）形态特征

成虫：雌虫体长11 ～ 14毫米，翅展23 ～ 25 毫米，触角线状；雄虫体长9 ～ 11毫米，翅展19 ～ 22 毫米，触角基部数节为单栉齿状。前翅翠绿色，前缘基部尖刀状斑纹和翅基近平行四边形斑块均为深褐色，带内翅脉及弧形内缘为紫红色，后缘毛长，外缘和基部之间翠绿色；后翅内半部米黄色，外半部黄褐色（图1-39）。前胸腹面有两块长圆形绿色斑，胸部、腹部及足黄褐色，但前中基部有一簇绿色毛。

卵：长2 ～ 3 毫米，淡黄色，扁平，鱼鳞状排列（图1-40）。

老熟幼虫：体长19 ～ 28 毫米，翠绿色。体背中央有3条暗绿色和天蓝色连续的线带，体侧有蓝灰白等色组成的波状条纹。腹节末端有黑色刺毛组成的绒毛状毛丛4个（图1-41）。

蛹：深褐色，长10～15毫米。

茧：椭圆形，褐色，茧壳上覆有黑色刺毛和黄褐色丝状物（图1-42）。

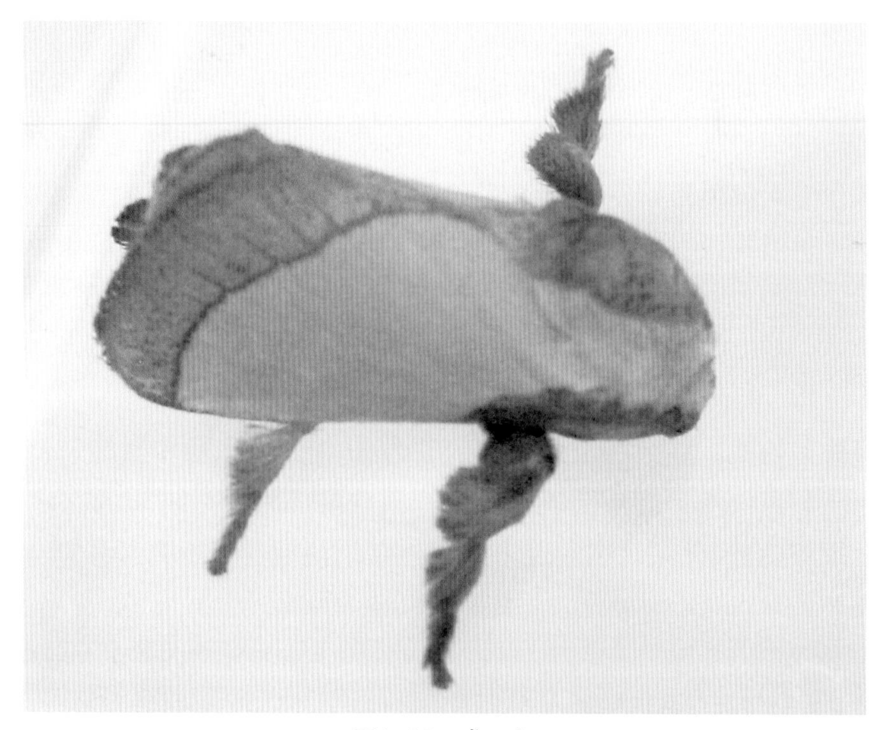

图1-39 成 虫

图1-40 卵

图1-41　幼虫及为害状

图1-42　茧（茧内化蛹）

（三）发生及为害

丽绿刺蛾是为害胡椒的重要害虫，在海南胡椒上1年发生2 ～ 3代，以老熟幼虫在主蔓及柱体上结茧越冬。翌年4月中下旬越冬幼虫开始变蛹，5月下旬左右成虫羽化、产卵。第一代幼虫于6月上中旬孵出，6月底以后开始结茧，7月中旬至9月上旬变蛹并陆续羽化、产卵。第二代幼虫于7月中旬至9月中旬孵出，8月中旬至9月下旬结茧过冬。成虫于每天傍晚开始羽化，以19 ～ 21时羽化最多。羽化时虫体向外蠕动，用头顶破羽化孔，多从茧壳上方钻出，蛹壳留在茧内。成虫有较强的趋光性，白天多静伏在叶背，夜间活动。一般雄成虫比雌成虫活跃。雌成虫交尾后次日即可产卵，卵多产于嫩叶背面，呈鱼鳞状排列，每块有卵7 ～ 44粒不等，多为18 ～ 30粒。每只雌成虫一生可产卵9 ～ 16块，平均产卵量约206粒。卵期5 ～ 7天。幼虫初孵时不取食；2 ～ 4龄有群集为害的习性，整齐排列于叶背，啃食叶肉留下表皮及叶脉；4龄后逐渐分散取食，吃穿表皮，形成大小不一的孔洞（见图1-41）；5龄后自叶缘开始向内蚕食，形成不规则缺刻，严重时整个叶片仅留叶柄，整株胡椒叶片几乎被吃光，仅剩叶柄和叶脉，造成树势衰弱，影响胡椒果实的质量和产量。其幼虫体表的刺毛接触到皮肤后会产生剧痛、红肿甚至过敏，对胡椒管理人员造成很大的威胁。

（四）防治措施

1. 农业防治

（1）在主蔓、枝条、石柱等处铲除越冬茧，杀灭越冬幼虫。

（2）低龄幼虫群集中在叶背为害，受害叶片呈枯黄膜状或出现不规则缺刻，要及时摘除虫叶，防止扩散蔓延为害。

（3）在成虫羽化期间，利用成虫的趋光性，在胡椒园区周围设置黑光灯，可诱杀大量成虫，减少产卵量，降低下一代幼虫危害程度。

2. 化学防治

在卵孵化高峰后、幼虫分散前，选用高效低毒药剂进行喷雾防治。第一代幼虫孵化高峰在6月上中旬，第二代幼虫孵化高峰在7月中旬以后，用20%除虫脲悬浮剂1 000倍液、4.5%的高效氯氰菊酯乳油 2 000倍液、40%辛硫磷乳油 1 500倍液于低龄幼虫期喷洒，均有较好的防效。

第二章 香草兰主要病虫害

香草兰[*Vanilla fragrans*（Salisb.）Ames，*Vanilla planifolia*] 是一种名贵的多年生热带藤本香料植物，素有“食品香料之王”的美誉。其商品香草兰豆荚含有220多种芳香成分，被广泛用作高档食品和饮料的配香原料，在发酵业、化妆及医药等领域均有应用。我国最早于20世纪60年代引种，80年代初由中国热带农业科学院香料饮料研究所引种试种成功，80年代末开始商业性推广种植香草兰。

香草兰适宜生长在荫蔽、湿度高的环境中，病虫害是限制香草兰产业发展的重要因素。张开明等（1994）记录了香草兰病害20种，虫害未见报道。2008年3月至2009年12月，笔者对海南省万宁市兴隆华侨农场、长丰镇、南桥镇、牛漏镇，琼海市大路镇、万泉镇、石壁镇，定安县龙门镇，屯昌县坡心镇，儋州市那大镇等10个乡镇的香草兰种植基地病虫害情况进行调查，调查品种为墨西哥大叶种。结果表明，目前危害海南省香草兰的主要病虫害有8种，分别是香草兰根（茎）腐病、香草兰疫病、香草兰细菌性软腐病、香草兰花叶病、香草兰白绢病、香草兰炭疽病、香草兰拟小黄卷蛾和茶角盲蝽（表2-1）。

海南省香草兰主要病虫害的分布和危害已有较大变化，如香草兰疫病和香草兰花叶病，2006年以前仅局部发病，但此次调查结果表明，各调查点均有发生；而香草兰白绢病则相反，2006年前分布较广，现在只是零星发生。这可能是由栽培措施改进、香草兰园的老化及气候变化等综合因素造成。从分布范围和危害程度分析，目前海南省香草兰主要病虫害以香草兰根（茎）腐病、香草兰疫病、香草兰细菌性软腐病及香草兰花叶病危害最严重，其次是香草兰拟小黄卷蛾、香草兰白绢病和茶角盲蝽。炭疽病虽然常见，其危害较轻微。

香草兰根（茎）腐病广泛分布于国内外香草兰种植区，发病率高达30%～50%。该病由尖孢镰刀菌香草兰专化型引起，一般地下吸收根先染病变褐致死，然后是地上气生根变干枯，茎蔓出现失水皱缩，最后植株下垂枯死。

香草兰疫病是国内外仅次于香草兰根腐病的主要病害，由烟草疫霉（寄生疫霉）引起，主要为害茎蔓、叶片、嫩梢和果荚，严重时造成大量果荚感病脱落，给生产造成严重损失，发病严重时产量减少50%以上。

香草兰细菌性软腐病是海南香草兰种植区的重要病害之一。由胡萝卜欧氏软腐菌胡萝卜病原型引起，每年4～10月发病较重，潮湿条件下导致叶片腐烂脱落。发病率一般在15%～30%。

香草兰花叶病由建兰花叶病毒（*Cymbidium mosaic virus*，CymMV）引起，2006年以后病害呈蔓延加重趋势，可导致结果不正常，生长受到抑制，产量低，重病园减产30%左右。

香草兰主要病虫害对生产危害严重，但只要贯彻“预防为主，综合防治”的植保方针，严格遵守《香草兰栽培技术规程》，勤检查、早发现、早防治，即可将病虫害控制在发生初期，最大程度地减少因病虫害造成的损失。

表2-1 海南省香草兰主要病虫害及分布

病虫害名称	为害部位	危害程度	分布地点
香草兰根(茎)腐病	根、茎	++++或++	被调查的10个乡镇均有发生
香草兰疫病	嫩梢、叶、果、茎	++++或+++	被调查的10个乡镇均有发生
香草兰细菌性软腐病	叶、茎	+++	被调查的10个乡镇均有发生
香草兰花叶病	叶、茎	++	兴隆华侨农场、长丰镇、南桥镇、大路镇及那大镇
香草兰白绢病	茎、叶	+	兴隆华侨农场、大路镇及万泉镇
香草兰炭疽病	叶	+或++	被调查的10个乡镇均有发生
香草兰拟小黄卷蛾	嫩梢、嫩叶、花苞	+或++	兴隆华侨农场、长丰镇、南桥镇、大路镇、石壁镇及坡心镇
茶角盲蝽	果、叶	+	兴隆华侨农场、长丰镇、南桥镇、牛漏镇及龙门镇

注：对于病害，“+”表示零星发生，“++”表示轻度发生，“+++”表示中度发生，“++++”表示重度发生；对于虫害，“+”表示轻度发生，“++”表示中度发生，“+++”表示重度发生。

一、香草兰根（茎）腐病

（一）为害症状

一般地下吸收根先染病，然后是地上气生根。初染病根系水渍状（图2-1），褐色腐烂，后干枯，病根只剩灰白色或棕色表皮层，内为坏死的维管束，茎蔓失水皱缩，叶片萎蔫变软呈黄绿色，重病植株停止抽生嫩芽。严重时扩展至茎蔓节，使茎蔓感病，受害茎蔓节间产生水渍状、褐色而不规则的病斑，后病部湿腐、皱缩、凹陷，并向上下和横向扩展蔓延，环缢病蔓，呈黑褐色（图2-2）。茎蔓内部组织变成褐色，叶片褪绿、萎蔫，严重的植株死亡。

图2-1 根感病症状

图2-2 茎感病症状

（二）病原

该病病原菌为尖镰孢香草兰转化型［*Fusarium oxysporum* Schl. f. sp. *vanillae*（Tucker）Gordon］（图2-3）和茄腐皮镰孢[*F. solani*（Mart.）APP. et Wollenw]（图2-4）。这两种镰刀菌都能产生大、小型分生孢子和厚垣孢子。

在PDA培养基上，25℃下培养10天：气生菌丝体棉絮状，菌落反面为白色至粉红色，后变为紫色、紫红色，2周左右已有大量分生孢子产生。大分生孢子镰刀形，壁薄，两端尖，无色，顶细胞稍钩曲，基部有足细胞，3～5个隔膜，大小（30～60）微米×（3.5～5.5）微米；小分生孢子由分生孢子梗上瓶梗型的产孢细胞上产生，无色，卵形至肾形、圆筒形，1～2个细胞，大小为（6～17）微米×（3.0～4.8）微米；3～4周后产生厚垣孢子，厚垣孢子球形或椭圆形，壁光滑，无色，顶生或间生，单胞或2个串生。

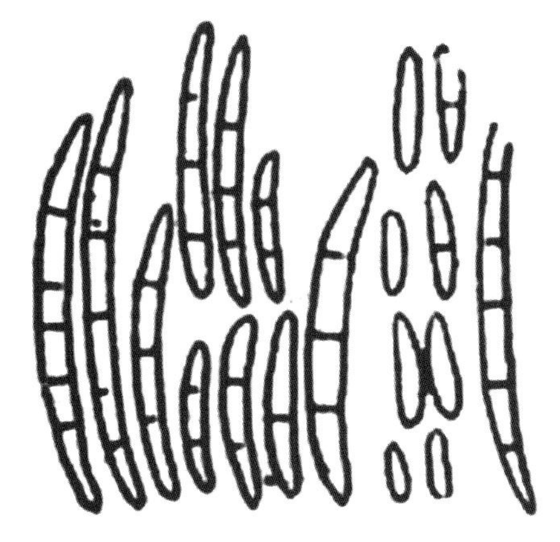

图2–3　尖镰孢
（*F. oxysporum*）

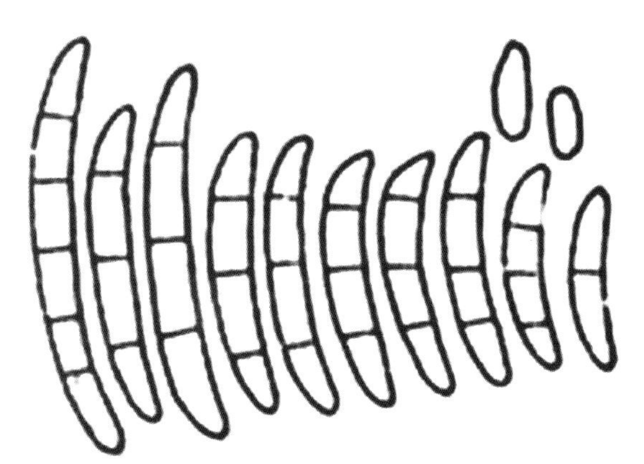

图2–4　茄腐皮镰孢
（*F. solani*）

（三）发生规律

该病周年发生，随着种植时间延长，病情会越来越严重。侵染来源是带菌土壤、带病种苗、病株残体以及未腐熟的土杂肥。病菌依靠风雨、流水和农事操作等传播。通过带病种苗进行远距离传播。病菌主要从伤口侵入根部或茎蔓，也可直接侵入根梢。病害的发生发展与栽培管理及周围环境有关。管理精细，在土表或根围施有机肥、落叶或锯末等覆盖，营养充足，干旱及时进行灌溉，病情较轻；反之，管理粗放，在地表、根围没有施用有机肥的，干旱不及时浇灌，病情较重。

（四）防治措施

1. 农业防治

（1）培育无病种苗。应从健康蔓上剪取插条苗，在苗圃培育无病种苗。直接从健康蔓上割苗种植时，应用50%多菌灵可湿性粉剂 800倍液浸苗1分钟，晾干后再种植。

（2）加强田间管理。施腐熟的基肥，不偏施氮肥；及时适度灌溉，雨后及时排除田间积水；控制土壤含水量，保持园内通风透光，保持适度荫蔽，严格控制单株结荚量；田间劳作时尽量避免人为造成植株伤口；及时清除田间病株，带出田外销毁。

2. 化学防治

（1）选择干旱季节或雨季晴天及时清除感病茎蔓或根，并于当天涂药或喷施农药保护切口。根系初染病时，用50%多菌灵可湿性粉剂800倍液，或70%甲基托布津可湿性粉剂1 000倍液，或粉锈宁可湿性粉剂500倍液，淋灌病株及四周土壤2 ～ 3次（1次/月）。

（2）茎蔓、叶片或果荚初染病时，及时用小刀切除感病部分，后用50%多菌灵可湿性粉剂涂擦伤口处，同时用50%多菌灵可湿性粉剂1 000倍液或70%甲基托布津可湿性粉剂1 000 ～ 1 500倍液喷施周围的茎蔓、叶片或果荚。每隔5天1次，连续喷药2 ～ 3次。

二、香草兰疫病

（一）为害症状

以幼嫩蔓梢和近地面的叶片、茎蔓及果荚更易发病。幼嫩嫩梢常先从梢尖开始感病（图2-5），出现水渍状褐色病斑，后病斑渐扩至下面第二至三节，呈黑褐色软腐，病梢下垂。叶片和茎蔓（图2-6，图2-7）发病初期现水渍状褐色病斑，病斑形状不定。果荚发病初期出现不同程度的黑褐色病斑（图2-8），随病情扩展，病部腐烂，果荚脱落。湿度大时，在病部可看到白色絮状菌丝，造成严重减产。

图2-5　嫩梢感病症状

图2-6　叶片感病症状

图2-7　茎蔓感病症状

图2-8　果荚感病症状

（二）病原

刘爱勤等通过对香草兰疫病病原进行分离、形态特征鉴定和rDNA ITS序列测序分析，明确了引起海南香草兰疫病的疫霉菌种类为烟草疫霉（寄生疫霉）*Phytophthora nicotianae*（*Phytophthora parasitica*），交配型为A2交配型。

该病菌在V8培养基上菌落丛生，棉絮状、不规则，气生菌丝中等丰富。菌丝近直角分枝，主菌丝直径5 ~ 7.5 微米。孢囊梗不规则合轴分枝，孢子囊端生或间生，在水中不脱落，球形、宽椭圆形至倒梨形，大小（25 ~ 50）微米 ×（20 ~ 40）微米，长/宽平均为1.35：1，全乳突。有性生殖为异宗配合，A2交配型。藏卵器球形，淡黄色，直径22.5 ~ 32.5 微米，卵孢子近乎满器，大小17.5 微米 ×30 微米；雄器围生，大小（7.5 ~ 17.5）微米 ×（7.5 ~ 22.5）微米（图2-9）。

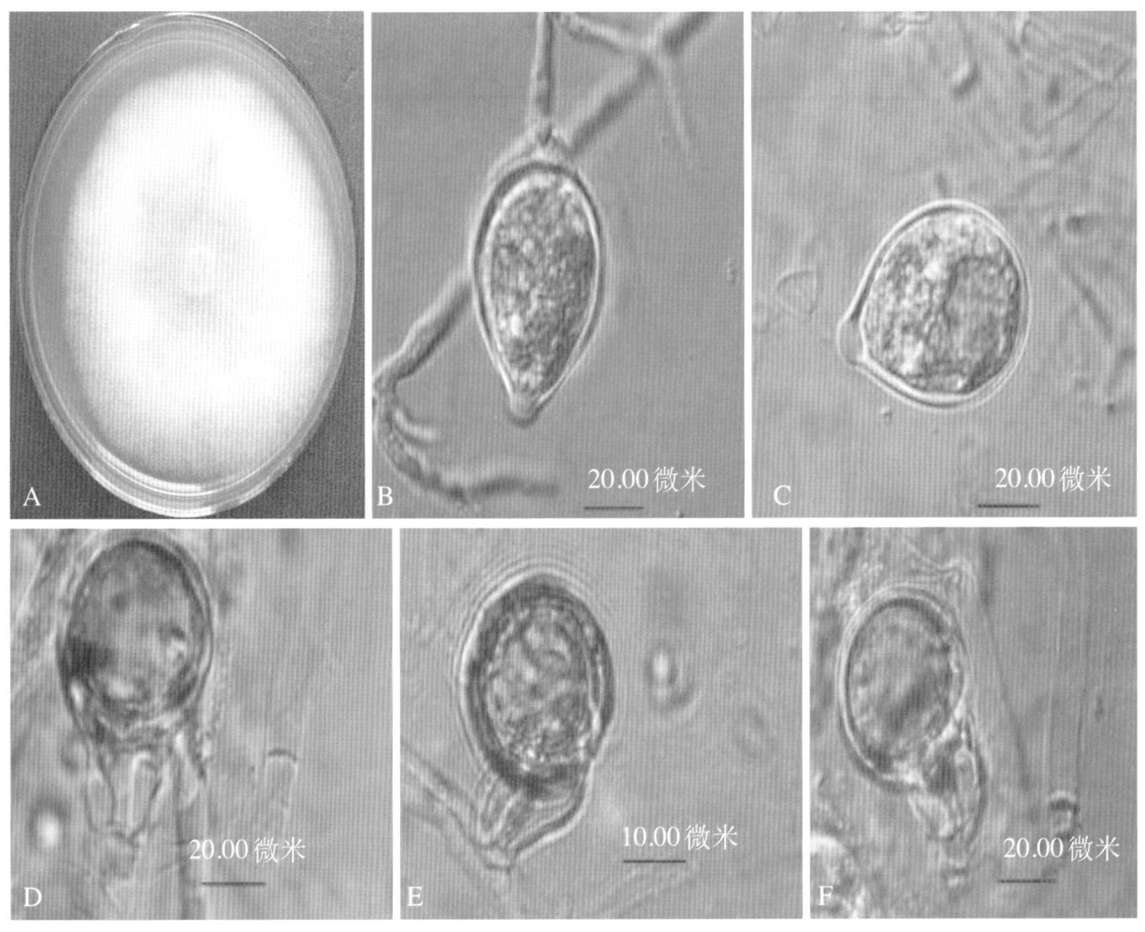

图2-9　香草兰疫病疫霉菌的形态

A.菌落形态　B,C.孢子囊形态　D,E,F.藏卵器和雄器形态

（三）发生规律

该病菌主要以卵孢子在土壤中的病残体上越冬，卵孢子越冬后，经雨水冲刷到靠近地面的茎蔓或嫩梢上，萌发产生芽管，当芽管与寄主表皮接触时，形成压力胞，从压力胞后部产生侵入丝，直接穿过表皮侵入寄主，引起初侵染。以后在病斑上产生大量的孢子囊。孢子囊或孢子囊萌发产生的游动孢子在植株生长期间又经风雨和流水传播，进行再侵染，使病害在田间扩大蔓延。

本病的发生流行与降水量、温湿度关系密切。该病从3月初开始发病，有两个发病高峰期，一个在4月下旬至6月上旬，另一个为9月中旬至11月上旬。1月至3月，由于气温低降水量少，基本不发病；4月下旬至6月上旬，平均气温在25 ~ 26.5℃，降水量较多，发病较严重，其中5月发病率最高；7月下旬至9月上旬，由于持续的高温天气，且降水量较少，发病逐渐减弱；9月中旬至11月上旬，由于平均气温回落到24 ~ 27℃，降水量充足，又进入到下一个发病高峰期，2007年10月台风过后发病更严重；随后气温逐渐降低，降水量减少，发病减弱，12月上旬已基本不发病。可见，温度在24 ~ 26℃范围内，降水量充沛，有利于发病；温度过低或过高，降水量少，则不利于发病。

栽培条件对该病的发生流行影响显著。连作地发病早而重。地势低洼、排水不良、土质黏重、雨后积水或渠旁漏水的地块发病重。田间管理不及时，杂草多或叶螨危害严重的地块，发病也重。过度密植或偏施氮肥使生长繁茂，田间郁闭而通风不良时，也有利于病害的发生和蔓延。

（四）防治措施

1. 农业防治

（1）建园时种好防护林，修筑灌溉排水系统；香草兰起垄种植，保证雨季田间不积水，旱季可灌溉，减少病菌繁殖传播。

（2）培育和选种无病苗。应从无病区或病区中的无病香草兰选取优良插条苗，在苗圃培育无病种苗。

（3）加强施肥、覆盖物、除草、引蔓、修剪等田间管理，使植株长势良好，提高抗病性，创造不利于病虫害发生发展的环境，防止疫霉菌侵染香草兰茎蔓、根系。

（4）搞好田间卫生。及时做好香草兰园的修剪、理蔓和田间清洁等日常管理工作，防止茎蔓过度重叠堆积和大量嫩蔓横陈地表。

（5）及时清除感病部位。选晴天清除病株及地面的病叶、病蔓、病果荚，修剪或采摘病叶、病蔓，当天要喷施农药保护，防止病菌从伤口侵入。清除的病组织集中园外烧毁或深埋。清除病株的地方，其病株四周土壤施生石灰或淋药消毒，以减少侵染来源，防止病害蔓延。

2. 化学防治

（1）每年授粉后至幼果期、夏秋季抽梢期，须加强田间巡查，一旦发现嫩梢、幼果荚发病，应及早剪除并及时喷施农药。遇到连续降雨等有利于发病的气候条件，应抢晴及时喷药防治。特别对低部位（离地40 厘米以内）的茎蔓更要喷药保护，种植带地表亦应喷施杀菌剂，最大限度地减少梢腐、果荚腐、茎蔓腐的发生。

（2）茎蔓或果荚初染病时及时用小刀切除染病部分，随即用1%波尔多液或甲霜灵、烯酰吗啉可湿性粉剂等涂擦保护切口；发病严重时，可选用25%甲霜灵可湿性粉剂或50%烯酰吗啉可湿性粉剂、69%烯酰吗啉·锰锌可湿性粉剂、72%精甲霜·锰锌可湿性粉剂 500 ～ 800倍液，喷施植株茎蔓、叶片和果荚及四周土壤。每周喷药1次，连喷2 ～ 3次。以上药剂需轮换使用。

三、香草兰细菌性软腐病

（一）为害症状

叶片初染病产生水渍状、褪色斑点，后迅速扩展，病部叶肉组织浸离、黄色软腐（图2-10），腐烂病部边缘有褐色线纹，潮湿条件下病部渗出淡黄色溢脓（图2-11），迅速扩展，最后整片叶腐烂，只剩上下两层表皮。干燥情况下，腐烂的叶片呈干痂状。茎蔓受害部位初呈水渍状，有浅褐色病痕，后迅速扩展，组织软腐、浮肿，用手轻压有淡黄色溢脓流出。

（二）病原

该病病原菌为胡萝卜欧氏软腐菌胡萝卜病原型[*Erwinia carotovora* pv. *carotovora*（Jones）Bergey]。菌体短杆状，两端钝圆，多数单个排列，少数成双排列或3 ～ 5个菌体呈短链排列。菌体大小为0.5 微米 ×（0.9 ～ 2）微米，不产生芽孢，不产生荚膜，革兰氏染色反应阴性，生长发育适温25 ～ 30℃，pH7.0时生长最好。

图2-10　叶和茎蔓感病

图2-11　叶片感病后期

（三）发生规律

本病的侵染来源是带病种苗、病株、病残体、株下表层土壤以及其他寄主植物等。风雨、农事操作以及在植株上取食或爬行的昆虫和软体动物是本病菌的传播媒介。病菌从伤口侵入寄主，导致发病。病组织中的病菌又借昆虫、雨水等传播，引起再次侵染，使病害扩展蔓延。该病害在海南省各种植区周年都有发生，每年4～10月发病较重，11月至翌年3月发病较轻。降水多、湿度大是病害发生发展的重要因素，而台风雨是病害流行的主导因素。适当降低田间湿度，及时防虫治虫，避免机械损伤，下雨天不在香草兰植株上操作，是防治此病的重要措施。

（四）防治措施

1.农业防治

（1）加强田间管理，多施有机肥，提高植株抗病力。田间管理过程中尽量减少机械损伤，避免人为造成伤口。

（2）加强栽培管理，采用垄作或高畦栽培，有利于田间排水。地势低洼的香草兰园要修好排水沟，大雨后及时排水，降低土壤湿度。

（3）选高温干旱季节（3～5月），每隔4天摘病叶、剪病蔓1次，并于当天喷施农药保护。

（4）严禁管理人员在雨天或早晨有露水时在香草兰园内操作。雨季经常检查（晴天方可进行），发现病叶、病蔓及时剪除带出园外集中处理，并于当天喷药保护。有台风预报，应在台风前做好检查防病工作。

（5）此病发生时，发现害虫为害应及时治虫，防止害虫传播病菌。

2.化学防治

雨季到来之前全面喷施0.5%～1.0%波尔多液1次；将病蔓、病叶处理后及时喷施500万单位农用链霉素可湿性粉剂800～1 000倍液，或47%春雷氧氯铜可湿性粉剂800倍液，或77%氢氧化铜可湿性粉剂500～800倍液，或64%杀毒钒可湿性粉剂500倍液保护。每周检查和喷药1次，连续喷2～3次。全株均喷湿，冠幅下的地面也喷药，以喷湿地面为度。连续数日降雨后或台风后，抢晴天轮换喷施以上农药。

四、香草兰白绢病

（一）为害症状

初期在茎蔓基部和近地面的叶基部发病，后迅速向根系、叶面和果荚上蔓延，严重时引起植株萎蔫。接触地面覆盖物的茎蔓初染病时出现水渍状软腐（图2-12），随后表面长出一层放射状白色菌丝体，其上着生许多圆形菌核，致病部腐烂；菌核由白色逐渐变为米黄色，最后变深褐色，直径0.9～1.2毫米，表面光滑、有光泽。地下根和接触地面覆盖物的气生根初侵染时呈淡黄色，后变深褐色，表面同样长出一层放射状白色菌丝体，最终腐烂，常黏附一层土壤或覆盖物残屑。接触地面的果荚和叶片受害，病部淡黄色至深褐色，表面也生放射状白色菌丝体，病叶、病荚最终腐烂，其上有许多圆形菌核。

图2-12　茎蔓受害症状

（二）病原

该病病原为齐整小菌核菌（*Sclerotium rolfsii* Sacc.）和香草兰小核菌（*Sclerotium vanille* Cif.）。菌核球形、扁球形或不规则形（图2-13），初为白色，渐变为黄色、黄褐色至黑褐色。1片叶上可形成菌核50～80粒，多的可达100粒以上。在PDA上培养，菌丝白色，有分隔，分枝不成直角。菌落圆形，培养3天菌丝布满整个培养皿；培养4天，开始形成白色菌核；培养6天，菌核变为黄色至黄褐色；培养9天，菌核变为黑褐色。菌核表生，球形、扁球形或不规则形，直径1.0～2.0毫米，表面光滑，有光泽，内部白色，细胞多角形，呈拟薄壁组织。每一培养皿内可形成菌核150～200粒。

图2-13　茎蔓和叶片受害症状（示菌核）

（三）发生规律

该病在地面覆盖物丰厚的潮湿环境下易发病。特别是在雨季，降雨多、湿度大、温度高，病害易流行。在苗圃育苗期，由于植株密度大、湿度大，白绢病较易发生且发病严重，造成种苗大量腐烂。病菌在田间借风雨、灌溉水、雨水溅射、施肥或昆虫传播蔓延。

（四）防治措施

1.农业防治

（1）种植前土壤应充分曝晒，并用恶霉灵进行消毒处理。

（2）禁止使用未腐熟的堆肥、椰糠等地面覆盖物和未经充分堆沤的垃圾土。

（3）重点做好香草兰入土和贴近地面茎蔓以及种植带感病杂草指示病区的防治。

2.化学防治

（1）加强田间巡查，发现病株要及时清除病茎蔓、病叶、病果荚和病根，集中清出园外深埋或烧毁，并于当天喷药保护。可选用40%菌核净可湿性粉剂1 000倍液，或70%恶霉灵可湿性粉剂1 000倍液，或70%甲基托布津可湿性粉剂1 000倍液，喷施植株及地面土壤、覆盖物。

（2）病株周围的病土选用1%波尔多液或70%恶霉灵可湿性粉剂500倍液进行消毒。

五、香草兰花叶病

（一）为害症状

受害叶片产生深绿浅绿相间的花叶症状，叶蔓生长迟缓，叶片变小或伸展不开、扭曲、变形（图2-14），叶组织变脆，蔓节间难以伸长，整株蔓生长畸形，难以生长。结果不正常，生长受到抑制，产量低，重病园减产30%左右。

（二）病原

该病病原为建兰花叶病毒（*Cymbidium mosaic virus*，CymMV），隶属马铃薯X病毒，线状，长约475纳米，宽12 ～ 13纳米，基因组ssRNA。

图2-14　香草兰花叶病

（三）发生规律

该病全年均有发生。病害发生与栽培管理、气候条件有密切关系。昆虫（如蚜虫和棉蚜）是主要的传播媒介之一。管理差，特别在幼龄期，养分不足，生长不良，发病率高且症状严重。高温干旱天气会加剧香草兰花叶病的发生和流行。

（四）防治措施

1. 农业防治

（1）选用健康无病壮苗定植。

（2）摘除病叶，拔除病株，清除田间病残体并集中烧毁，减少侵染源。

（3）及时清除香草兰园内及周边的杂草，尽量消灭各种介体昆虫栖息、繁衍的场所。

（4）尽量不在高温干旱季节割蔓，最好在雨季或雨后天晴时割蔓，以防止病毒的侵入。

（5）合理施肥。氮、磷、钾肥配合施用，避免偏施氮肥，增施充分腐熟的有机肥，适量施用微肥。干旱有利于香草兰花叶病的侵染和流行，应做到浅水灌溉。

2.化学防治

幼龄香草兰植株发病，叶面喷洒病毒必克1 000倍液，可减轻危害。同时可喷10%吡虫啉2 000倍液防治传毒昆虫，如棉蚜等。

六、香草兰炭疽病

（一）为害症状

初染病叶片和果荚出现水渍状圆形浅黄色至黑褐色斑点，后逐渐扩展形成近圆形或不规则形大病斑，病斑中央凹陷，呈灰褐色或灰白色（图2-15），其上散生许多小黑点。病叶上的病斑边缘有一条窄的深褐色带，最后病部破裂或穿孔，重病叶片枯萎脱落。

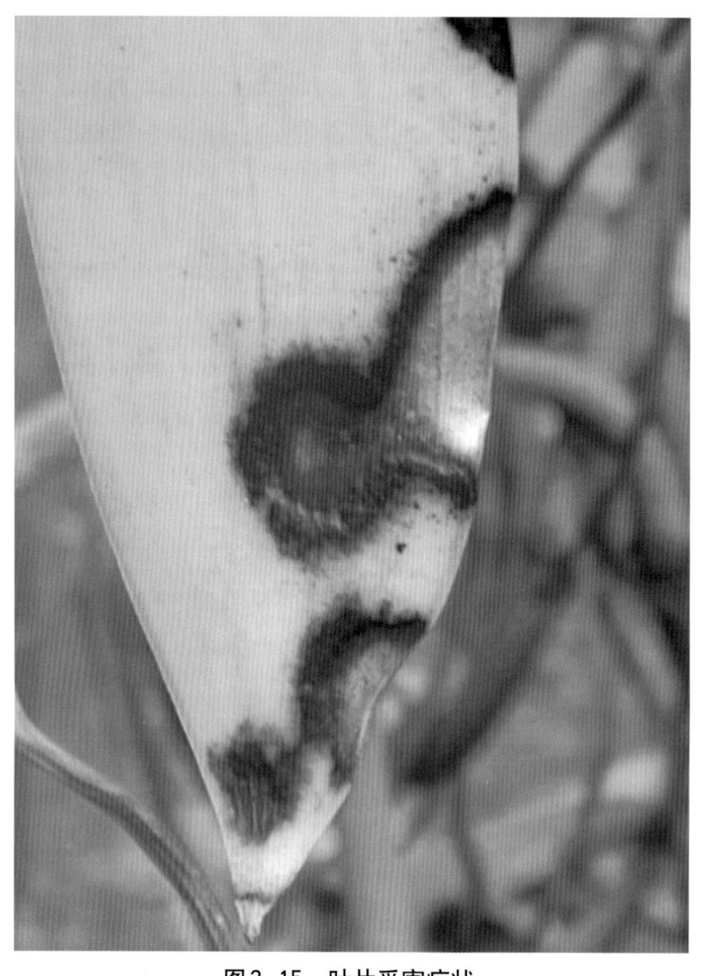

图2-15　叶片受害症状

（二）病原

该病病原为胶孢炭疽菌（*Colletotrichum gloeosporioides* Penz.)。分生孢子盘周缘生暗褐色刚毛，具2～4个隔膜，大小（74～128）微米×（3～5）微米。分生孢子梗短圆柱形，大小（11～16）微米×（3～4）微米。分生孢子长椭圆形，无色，单胞，（14～25）微米×（3～5）微米（图2-16)。

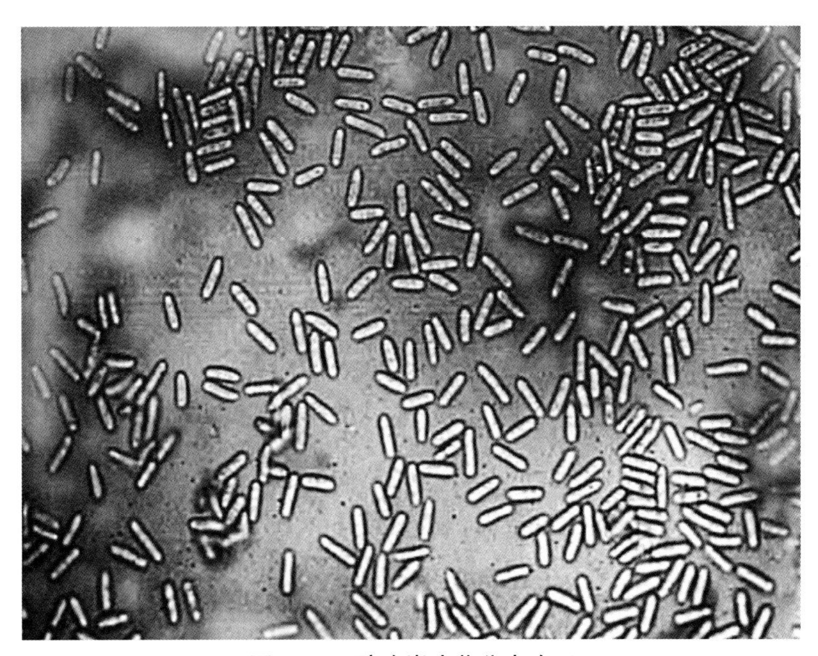

图2–16　胶孢炭疽菌分生孢子

（三）发生规律

该病原菌以菌丝和分生孢子盘在病叶或落叶上越冬，在适宜条件下产生孢子，借风雨、露水或昆虫传播，从伤口和自然孔口侵入。全年均可发生为害，种植过密、过度荫蔽、失管荒芜、积水（湿度大)、缺肥的种植园易发病，高温多雨季节病害流行。

（四）防治措施

1. 农业防治

（1）加强田间管理，施足基肥，避免过度光照，保持通风透气，雨后及时排除积水，田间操作尽量避免人为造成伤口，提高植株抗病能力。

（2）选晴天及时清除病蔓、病叶、病果荚及地面病残组织于种植园外，待晒干后烧毁，并于当天喷施农药保护。

2.化学防治

选用50%甲基托布津可湿性粉剂500倍液，或50%多菌灵可湿性粉剂500倍液，或50%施保功可湿性粉剂1 000倍液等，喷洒植株进行防治，每隔7 ~ 10天 喷1次，连喷2 ~ 3次。

七、香草兰拟小黄卷蛾

（一）分类地位

香草兰拟小黄卷蛾（*Tortricidae* sp.），属鳞翅目，卷蛾科。

（二）形态特征

成虫：体长7 ~ 9毫米，翅展15毫米，头胸部暗褐色，腹部灰褐色；前翅长而宽，呈长方形，合起呈钟状；后翅浅褐至灰褐色（图2-17）。

卵：椭圆形，常排列成鱼鳞状卵块，初淡黄，渐变深黄，孵化前黑色。

幼虫：老熟幼虫体长10 ~ 12毫米，体色多为淡黄至黄绿色，头部、前胸盾、胸足均为褐色至黑褐色（图2-18）。

蛹：纺锤形，长6 ~ 8毫米，宽2 ~ 2.5毫米，黄褐色（图2-19）。

图2–17　成　虫

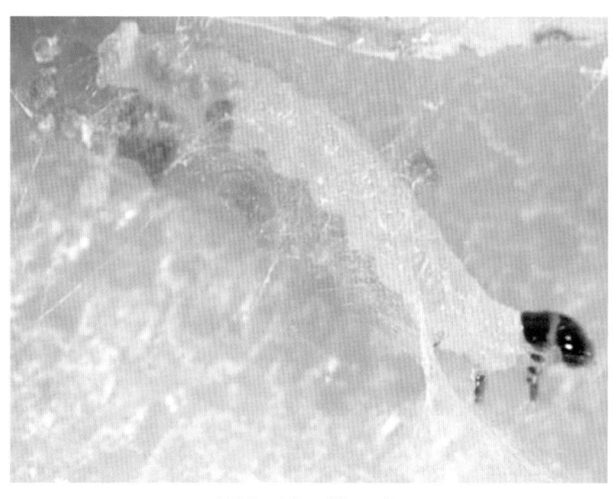

图2–18　幼　虫

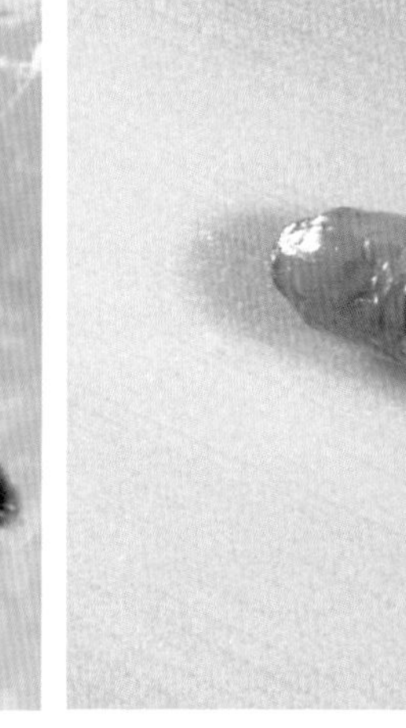

图2–19　蛹

（三）发生及为害

拟小黄卷蛾以低龄幼虫钻入香草兰生长点及其未展开的叶片间为害，高龄幼虫在嫩梢上结网为害（图2-20）。嫩梢受害后不能正常生长，有些甚至枯死。该虫还可携带软腐病病菌，传播软腐病，加剧了危害的严重性。1个嫩梢仅1头虫为害，1头幼虫一般可为害3 ～ 5个嫩梢。该虫1 年中为害分为4个阶段。第一阶段为6月上旬至7月下旬，此阶段虫口数量呈下降趋势；第二 阶段为8月，此阶段看不到幼虫，处于越夏阶段；第三阶段为9月上旬至12月上旬，幼虫经越夏后开始回升，在10月

图2–20　幼虫为害嫩梢

中旬和11月中旬各达到一次高峰，11月下旬虫口开始下降；第四阶段为12月中旬至翌年5月下旬，虫口再次开始回升，并在翌年的1月上旬、2月中旬、4月中旬和5月下旬各出现一次高峰。

（四）防治措施

1. 农业防治

（1）加强栽培管理和田间巡查，发现被害嫩梢应及时处理。

（2）不要在香草兰种植园四周栽种甘薯、铁刀木、变叶木等寄主植物，杜绝害虫从这些寄主植物传到香草兰园。

2. 化学防治

每年的9月中旬和12月中旬，虫口数量较多时，可喷施农药防治。选用40%毒死蜱乳油1 000 ~ 2 000倍液或1.8%阿维菌素乳油1 000 ~ 2 000倍液喷洒嫩梢、花及幼果荚，每隔7 ~ 10 天喷药1次，连喷2 ~ 3次。1月下旬或2月上旬，根据虫口发生数量，可再进行1次防治。

八、茶角盲蝽

（一）分类地位

茶角盲蝽（*Helopeltis theivora*），又名茶刺盲蝽、腰果角盲蝽，属半翅目，盲蝽科。

（二）形态特征

成虫：雌成虫体长6.2 ~ 7.0毫米，体宽1.5毫米（图2-21）；雄成虫虫体较雌成虫小。虫体淡黄褐色至黄褐色，头部黑褐色或褐色；复眼球形，向两侧突出，黑褐色；触角细长，约为体长的2倍；中胸小盾片中央有一细长的杆状突起，突起的末端较膨大。

卵：似圆筒形，长0.7毫米，宽0.2毫米，卵盖两侧各具一条丝状呼吸突。卵初产时白色，后渐转为淡黄色，临孵化时橘红色。

若虫：共5龄。初孵若虫橘红色，小盾片无突起；2龄后体色逐渐变为土黄，小盾片逐渐突起，复眼也由最初的橘红色变为黑褐色；3龄后翅芽开始明显，足细长，善爬行。

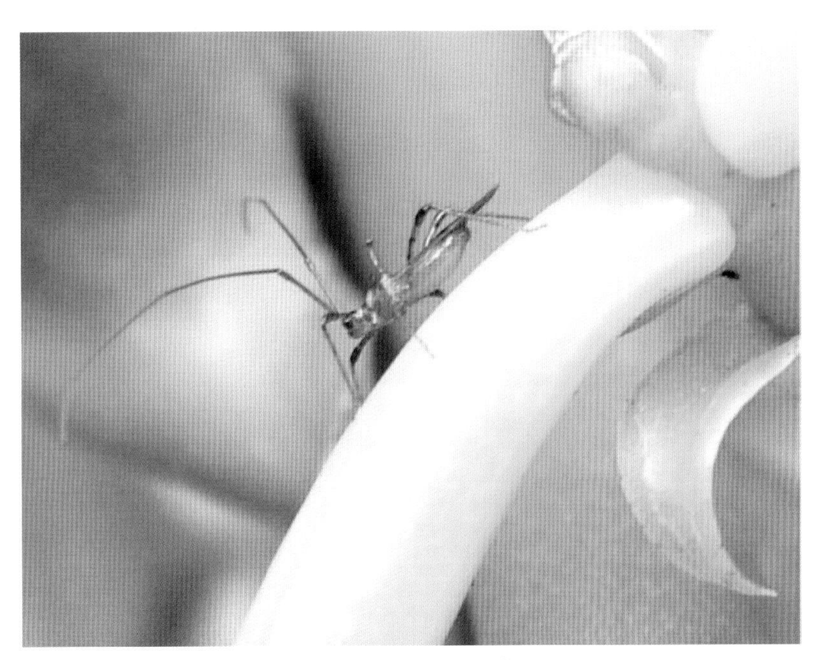

图2–21　茶角盲蝽成虫

（三）发生及为害

茶角盲蝽为害香草兰的嫩叶、嫩梢、花、幼果荚及气生根。以成虫、若虫刺吸香草兰幼嫩组织的汁液，致使被害后的嫩叶、嫩梢（图2-22）及幼果荚（图2-23）凋萎、皱缩、干枯。中后期被害部位表面呈现黑褐色斑块，由于失水最后产生硬疤，严重影响香草兰植株的生长和产量。该虫不为害老化的叶片和茎蔓。

图2–22　嫩梢受害症状

图2-23　幼果荚受害症状

在海南1年发生10 ～ 12代，世代重叠，无越冬现象。该虫寄主范围广，在兴隆地区的寄主植物有35种。该虫的发生与温湿度、荫蔽度、栽培管理关系密切。每年4 ～ 5月和9 ～ 10月为发生高峰期。温度为20 ～ 30℃、湿度在80%以上最适宜该虫生长繁殖。栽培管理不当、园中杂草不及时清除、周围防护林种植过密、寄主范围多的种植园虫口密度大，危害较重。

（四）防治措施

1. 农业防治

加强田间管理，及时清除园中杂草和周边寄主植物，减少盲蝽的繁殖滋生场所。

2. 化学防治

重点抓好每年3 ～ 5月香草兰开花期和虫口密度较大时喷药保护。喷药时间选在早上9时前或下午4时后，可选用20%氰戊菊酯乳油2 000倍液或1.8%阿维菌素乳油2 000倍液或50%杀螟松乳油1 500倍液或50%马拉硫磷乳油1 500倍液喷施嫩梢、花芽及幼果荚。每隔7 ～ 10天喷药1次，连喷2 ～ 3次。

九、灰巴蜗牛

（一）分类地位

灰巴蜗牛（*Bradybaena ravida*），属软体动物门，腹足纲，柄眼目，巴蜗牛科。

（二）形态特征

灰巴蜗牛有2对触角，后触角较长，其顶端有黑色眼睛。贝壳中等大小，壳质坚固，呈椭圆形，壳面黄褐色或琥珀色，并有密生的生长线与螺纹。生殖孔位于头部右后下侧，呼吸孔在体背中央右侧与贝壳连接处。卵圆球形，乳白色，有光泽。

（三）发生及为害

灰巴蜗牛主要为害香草兰幼嫩蔓梢和叶片，同时分泌黏液污染幼苗。取食造成的伤口有时还可以传染软腐病，致叶片或茎蔓腐烂坏死（图2-24）。

图2–24　为害幼嫩蔓梢

灰巴蜗牛一年繁殖1 ～ 3代，在阴雨天多、湿度大、温度高的季节繁殖快。5月中旬至10月上旬是它们的活动盛期，多于4 ～ 5月产卵于草根、土缝、枯叶或石柱上（图2-25），每个成螺可产卵50 ～ 300 粒。6 ～ 9月蜗牛的活动最为旺盛，一直到10月下旬开始下降。

图2–25　产卵于石柱

（四）防治措施

1. 农业防治

（1）控制土壤中水分，及时开沟排除积水，降低土壤湿度，创造不利于蜗牛繁殖的环境。

（2）清除香草兰园四周、水沟边的杂草，去除地表茂盛的植被、植物残体、石头等杂物，消灭蜗牛栖息场所。

（3）春末夏初勤松土或翻地，使蜗牛成螺和卵块暴露于土壤表面，在日光下曝晒死亡。

（4）人工捕杀。坚持每天日出前或阴天活动时，在土壤表面和叶上捕捉，其群体数量大幅度减少后可改为每周一次，捕捉的蜗牛集中杀死。

（5）在香草兰园四周、水沟边撒石灰带，蜗牛沾上石灰就会失水死亡。

2. 化学防治

于蜗牛发生盛期选用5%密达（四聚乙醛）杀螺颗粒7.5千克／公顷，或8%灭蜗灵颗粒剂、10%多聚乙醛（蜗牛敌）颗粒7.5 ～ 15千克／公顷搅拌干细土或细沙后，于傍晚均匀撒施于香草兰园土表面。上述药品应交替使用，以保证杀蜗保叶，并延缓蜗牛对药剂产生抗药性。

第三章 咖啡主要病虫害

咖啡为茜草科（Rubiaceae）咖啡属（*Coffea*）多年生常绿灌木或小乔木，与可可、茶并称为世界三大饮料作物。咖啡富含淀粉、脂类、蛋白质、糖类、芳香物质和天然解毒物等多种有机成分，在食品工业中用途广泛；除作饮料和系列食品之外，还可以提取咖啡碱、咖啡油等，在医药上用作麻醉剂、兴奋剂、利尿剂、强心剂等；咖啡花含有香油，可提取高级香精。咖啡是世界三大饮料作物中产量、消费量和经济价值均居首位的热带经济作物，目前全世界约有70多个国家和地区种植咖啡，约有2 500万人从事咖啡种植业，为全球2.5亿人提供就业机会，饮用咖啡的人口达15亿，咖啡产业在世界热带农业经济贸易活动及人类生产生活中占有极其重要的地位。

我国咖啡栽培历史有100多年，主产区为云南和海南。据不完全统计，2011年全国咖啡种植面积超过5.48万公顷，产量约6万吨。云南省咖啡栽培区主要集中在保山、普洱、西双版纳、德宏、文山、红河等地区，以种植小粒种咖啡为主，目前生产上种植面积较大的品种主要为S288和卡蒂莫系列（卡蒂莫7963、卡蒂莫P3、卡蒂莫P4等）。海南省以种植中粒种咖啡为主，主要栽培区域为万宁、澄迈、儋州、文昌等市（县），目前生产上种植的主要是由中国热带农业科学院香料饮料研究所选育的中粒种咖啡8个高产无性系。随着市场需求的增加和种植咖啡效益的提高，国内咖啡种植面积不断扩大，生产过程中病虫害防控成为产业化进程中的重要影响因素。

据报道，全世界咖啡病虫害种类约有900余种，其中病害有50多种，害虫有800多种。重要病虫害有锈病、浆果病、导管萎蔫病、美洲叶斑病、线虫病、天牛、枝小蠹、果小蠹、木蠹蛾、根粉蚧等。张开明等（1994）记录了国内咖啡病害31种、咖啡害虫74种。其中重要病害有咖啡锈病、炭疽病、褐斑病、黑果病、叶斑病、褐根病等；为害较重的害虫有：咖啡旋皮天牛、咖啡灭字虎天牛、咖啡黑（枝）小蠹、咖啡豹纹木蠹蛾、咖啡根粉蚧和咖啡绿蚧等。王万东等（2012）对云南小粒种咖啡主产区保山、普洱、临沧、德宏地区的咖啡种植园进行病虫害种类调查，共鉴定出病害9种、害虫39种。9种病害中有7种真菌病害，危害较严重的是咖啡锈病、炭疽病、褐斑病和枝枯病；39种害虫分属8个目27科，从危害情况来看，咖啡虎天牛和旋皮天牛是威胁云南咖啡产区的主要害虫，其次根粉蚧、柑橘粉蚧等也有较大影响。目前国内种植面积最大的小粒种咖啡大多不抗咖啡叶锈病，也不抗天牛，而中粒种、大粒种抗性稍强，但咖啡枝（黑）小蠹为害中粒种咖啡的程度大于小粒种咖啡。

咖啡锈病是由*Hemileia vastatrix* Berk & Br.引起的一种真菌性病害，是严重影响咖啡叶和产量的主要病害，对咖啡生产危害最大。被害植株轻者减产，重者死亡。它分布于世界咖啡的各个产区，在巴西由于咖啡锈病危害而造成30%的减产，我国各咖啡种植区均有发生。此病主要危害小粒种咖啡和大粒种咖啡，而中粒种咖啡对锈病有较强的抵抗力。其发生流行与种植区海拔、温度和降雨量等因素具有重要的关系。

咖啡炭疽病在咖啡栽培地区几乎都发生过。主要为害咖啡叶片，也可蔓延到枝条和果实，引起枝条干枯。果实感病后出现黑色下陷病斑，果肉变硬并紧贴在豆粒上，最后形成僵果或落果。

咖啡褐斑病是一种分布广泛的病害。为害叶片、果实，引起落叶、落果，造成一定损失。土壤瘦瘠、缺少荫蔽、生势较差的幼苗和幼树发病严重。相对湿度95%以上，植株表面长时间保持湿润，最有利于此病发生。

咖啡灭字虎天牛俗称钻心虫、柴虫等。主要为害成龄小粒种咖啡树。其植株受害率2%～5%，严重时达10%～25%。防治不适时，则碾转重复为害，种群数量逐年递增，严重的可使数公顷至数十公顷咖啡场被摧毁。

咖啡旋皮天牛主要为害定植后2～3年生、树干直径1～3.5厘米的幼龄咖啡，为害部位多在树干基部。为害后在木质部与表皮之间形成一条自上而下、3～6圈的扁平螺旋状纹。植株被害初期或为害状不明显时不易被发现，植株被害后期表现为叶色不正常、叶黄枝萎、叶片脱落、树势衰弱。

咖啡黑小蠹又名咖啡黑枝小蠹、楝枝小蠹。主要为害中粒种咖啡，以雌成虫蛀害咖啡枝条及嫩干，受害枝条大约在15天后叶片干枯，导致整枝干枯或被果实压折，严重影响当年果实产量。据1989年在海南兴隆华侨农场调查，咖啡黑小蠹为害中粒种咖啡树的植株受害率100%，枝条受害率高达82.51%，一般在29.72%～42.64%，虫枯枝率7.65%～17.8%，平均12.71%。

一、咖啡锈病

（一）为害症状

咖啡锈病主要侵染叶片，有时也侵害幼果和嫩枝。叶片感病后，最初出现许多浅黄色小斑，并呈水渍状扩大，其周围有浅绿色晕圈（图3-1）；叶背面随即有橙黄色粉状孢子堆（图3-2），后期多个病斑扩大连在一起，形成不规则的大斑，遇到不良气候或病部营养耗竭、孢子堆消失而形成褐色枯斑（图3-3）。咖啡树结果越多，锈病越严重。病害发生严重时，病叶大量脱落，枝条干枯，使尚未成熟果实得不到充足的养分供应，产生大量干果，僵果，严重影响咖啡产量和质量下降，甚至整株枯死（图3-4，图3-5，图3-6）。

图3-1　叶片感病早期（浅黄色小斑）

图3-2　叶片感病中后期（叶背锈病孢子堆）

图3–3　叶片正、背面受害症状对比

图3–4　植株轻微感病，部分叶片受害状

图3-5　植株中度感病，部分病叶脱落

图3-6　植株重度感病，叶片严重脱落，植株早衰

（二）病原

该病病原为咖啡驼孢锈菌（*Hemileia vastatrix* Berk & Broome），属担子菌亚门，柄锈科，驼孢锈菌属（图3-7）。此菌是一种专性寄生菌。

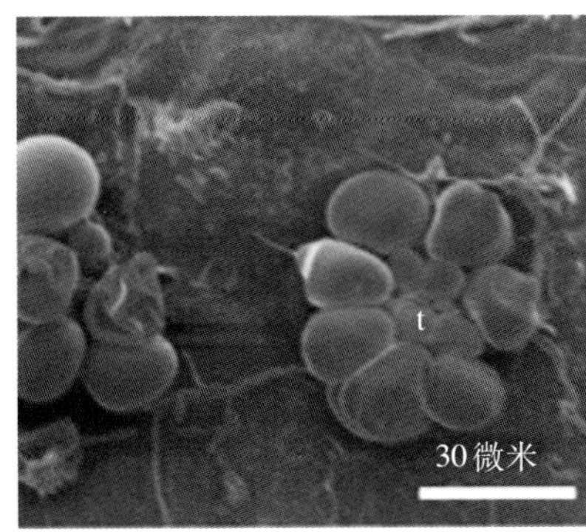

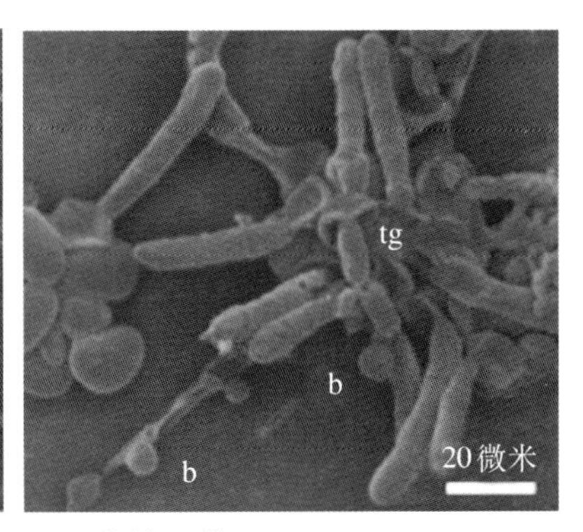

图3–7 咖啡锈菌夏孢子（u）、冬孢子（t）、担孢子（b）电镜照片

（引自Ronaldo de Castro Fernandes，2009）

（三）发生规律

该菌以菌丝在咖啡病组织内渡过不良环境，残留的病叶是主要侵染来源，主要以夏孢子侵染，夏孢子通过气流、风、雨、人畜和昆虫传播（图3-8）。叶面凝霜越重，停滞时间越长，发病越重。大风、大雨天气不利发病。幼树期虽有发病，但不易流行；树龄6年以上，结果过多、营养耗竭而出现早衰或因失管时，生势衰弱的植株上锈病常大流行。因此，适中的温度，适量而均匀的降雨，较多的侵染源，易感病的、生势衰弱的寄主，是本病流行的基本条件。海南岛咖啡锈病发生在每年9～11月至翌年4～5月。在云南，咖啡锈病在以卡蒂莫7963为主的栽培品种上发生规律与过去种植的波邦铁毕卡品种相似，6月开始发生，7月至翌年2月为流行盛期（图3-9）。云南亚热带地区每年6月进入雨季，湿度大，叶面水膜停留时间长，有利于夏孢子繁殖；每年10月至翌年2月非雨季流行期，绝对日温差可达16～18℃，露水停留时间长达14～16小时，有利于咖啡锈病的流行。而主栽品种卡蒂莫7963表现出结果越多锈病越重，产量低的年份发病轻，产量高感病重的发病规律。

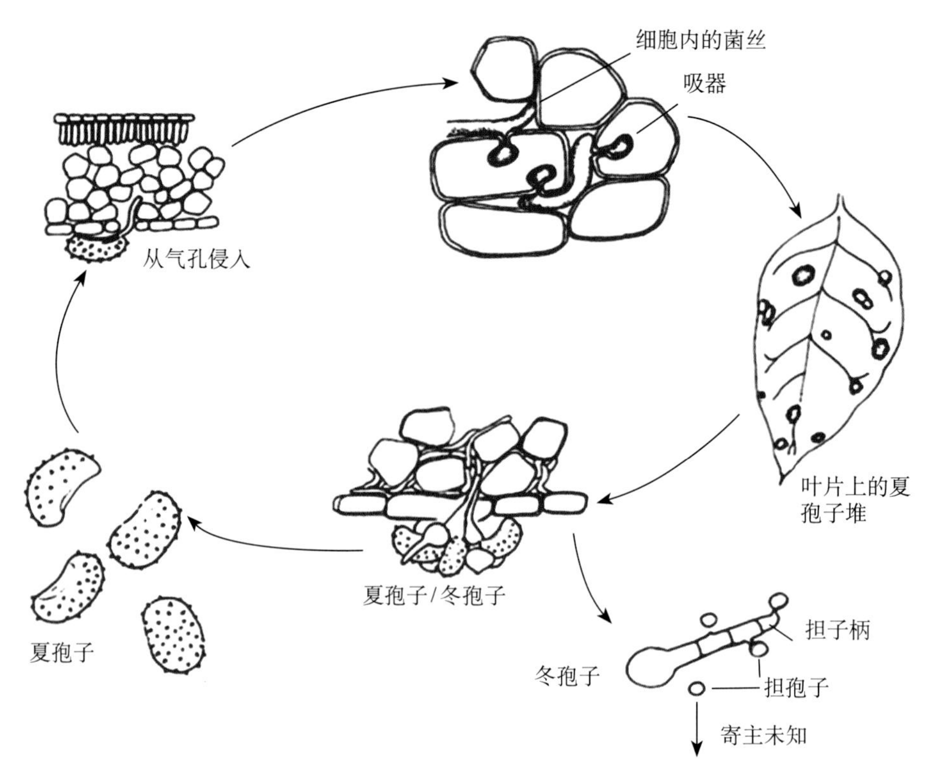

图3-8 咖啡锈菌生活史示意图

（引自 Arneson P A，2000）

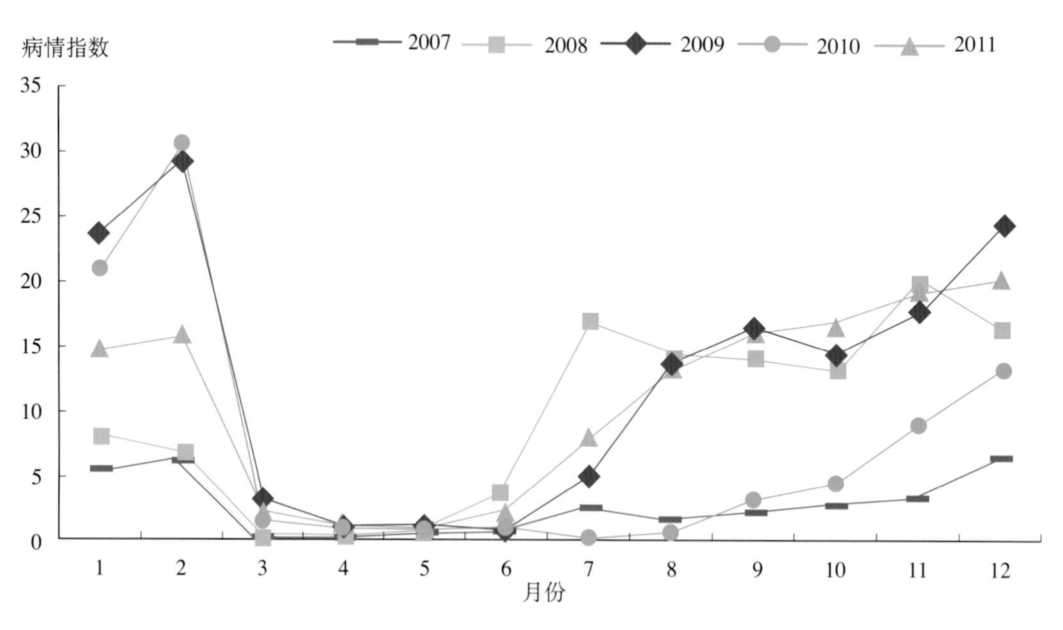

图3-9 咖啡锈病流行图

（品种：卡蒂莫7963，地点：云南瑞丽）

（四）防治措施

1. 农业防治

（1）培育抗锈病咖啡良种，栽培抗锈品种。

（2）加强栽培管理，合理密植，合理施肥和灌溉，适时修剪和庇荫，控制过多结果量，防止咖啡早衰，提高植株抗病力。

（3）咖啡园适当种植荔枝、芒果、橡胶等庇荫树，调节光、温、湿三者关系，改变园内小气候和土壤环境，减弱光合量，使咖啡有节制地结果，保持咖啡树的正常生势，增强植株对锈病的抵抗力。

2. 化学防治

（1）铜制剂对咖啡锈病防效较好，还能促进咖啡生长，增加产量。采用1%～5%的波尔多液喷施，第一次应在雨季之前，根据各地具体情祝和病情严重和程度而定，一般每隔2～3周喷施1次，能收到较好的防效。用0.1%硫酸铜溶液喷雾，防效也显著。

（2）在病害流行期定期喷施0.5%～1%波尔多液，1个月喷1次；或每公顷用25%粉锈宁可湿性粉剂525～975克或5%粉锈宁可湿性粉剂2 250～4 500克，对水450千克喷雾，连续喷施2～3次。粉锈宁对咖啡锈病有预防作用，发病初期有治疗作用。但粉锈宁黏着力差，常被雨水冲洗。在波尔多液中加入适量的粉锈宁、氯化钾和尿素喷施，不单防治锈病，且有提高抗病力的作用。

二、咖啡炭疽病

（一）为害症状

此病是一种发生很普遍的病害，除了为害咖啡叶片外，还可以为害其枝条和果实。叶片受害多在叶缘发病。叶片初侵染后，上下表面呈现出不规则淡褐色至黑褐色病斑。病斑受叶脉限制，直径约3毫米，以后数个病斑汇成大病斑。病斑中央白色，边缘黄色，后期灰色，其上有许多黑色小点（病原菌的分生孢子）排列成同心轮纹（图3-10）。枝条受害后呈凹陷病斑，随后枝条枯死，其上长出黑色小点。成熟浆果和绿色浆果受害后，浆果表面初时呈现近圆形水渍状小斑点，随后病斑凹陷，变成暗褐色至灰黑色大病斑（图3-11），其上长出粉红色黏状物，果肉变硬并紧贴在豆粒上，使脱皮困难。发病严重时，引起大量落叶、枯枝、落果，甚至整株死亡。

图3–10　叶片受害症状

图3–11　果实受害症状

（二）病原

该病病原菌有盘长孢状刺盘孢（*Colletotrichum gloeosporioid*）（图3-12）、咖啡刺盘孢菌（*Colletotrichum coffeanum*）和咖啡刺盘孢毒性变种（*Colletotrichum kahawae*）3种。

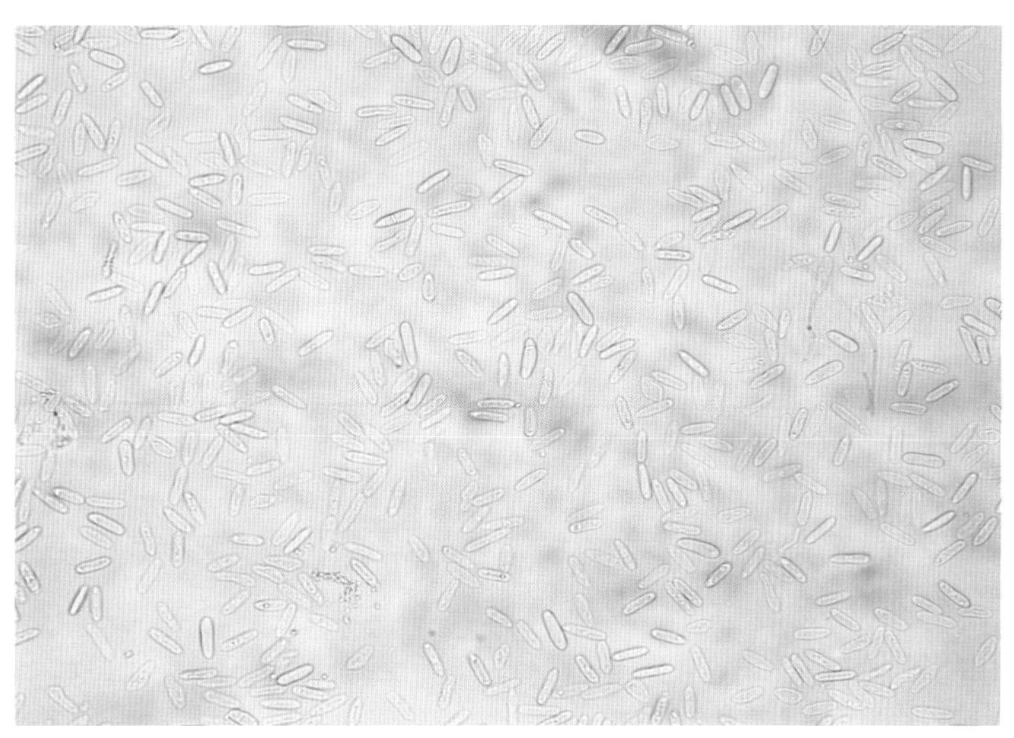

图3–12　盘长孢状刺盘孢分生孢子

（三）发生规律

咖啡炭疽病几乎在所有咖啡种植区都有发生，周年发生为害。该病的发生发展与气象因子关系密切。病原菌侵染的最适条件是气温20℃左右，湿度90%以上并持续7小时以上。冷凉、高湿季节，特别是长期干旱后连续降雨，有利该病发生。1月至2月中旬病情较轻，随着冬季气温低，叶片受到轻微冻伤，病害呈上升趋势；3月中旬开始，叶片发病出现高峰；之后随着高温干旱天气出现，新感病叶少，老病叶脱落多，病情逐渐减轻，6月上旬叶片发病降到全年最低点；下半年雨水多，相对湿度大，新感病的叶片多于脱落的老病叶，病情越来越严重；9～11月台风雨频繁，台风雨使叶片、果实普遍出现伤口，树体衰弱，台风吹脱大量叶片，使枝条上叶片稀疏，互相遮阴少，太阳灼伤叶片、果实较多，致使叶片、果实病情更严重，发病率升至全年最高点；以后病情变化幅度不大。

该病的发生与遮阴也有一定关系。种植庇荫树的咖啡园发病轻，无庇荫树的咖啡园发病重。种植庇荫树的咖啡园，因植株长势好，冠幅大，枝叶茂盛，阳光灼伤少，咖啡树上早晚露水少，不利发病，病害轻。不种庇荫树的咖啡园，植株长势差，冠幅小，枝叶稀疏，阳光灼伤多，咖啡树上早晚露水多，有利发病，病害重。

（四）防治措施

1. 农业防治

（1）选择抗病较好的品种种植。

（2）咖啡园适当种植庇荫树，创造适合咖啡生长的小气候环境，使咖啡树生长健壮。

（3）加强抚育管理，合理施肥和正确修剪，控制结果量，增强植株抗性。

2. 化学防治

（1）在发病初期，选用0.4%氧化亚铜粉剂或0.5%氯氧化铜制剂喷施植株。

（2）病害流行期，选用0.5%～1.0%等量式波尔多液、10%多抗霉素1 000倍液、80%代森锰锌可湿性粉剂800倍液或50%多菌灵可湿性粉剂500倍液，每隔7～10天喷施1次，连喷2～3次。

三、咖啡褐斑病

（一）为害症状

该病主要为害生势弱、无庇荫、结果多的咖啡树的叶片和颗粒。咖啡叶片受侵染后，叶背叶面均出现病斑，病斑近圆形，边缘褐色，中央灰白色（图3-13），在幼苗叶上为红褐色病斑。随着病斑扩大，出现同心轮纹，并有明显的边缘。潮湿情况下，病斑背面长出黑色霉状物，有时数个病斑可连在一起，但仍能看到原来病斑的白色中心点，病叶一般不脱落（图3-14）。浆果受侵染后，产生近圆形病斑，随着病斑扩大，可覆盖全果，引致浆果坏死、脱落（图3-15）。

图3-13　叶片感病初期症状

图3-14　叶片感病后期症状

图3–15　果实感病症状

（二）病原

咖啡褐斑病病原菌为咖啡尾孢（*Cercospora coffeicola* Berket Cooke）（图3-16），属半知菌亚门、链孢霉目（Moniliales），黑霉科（Dematiaceae）。

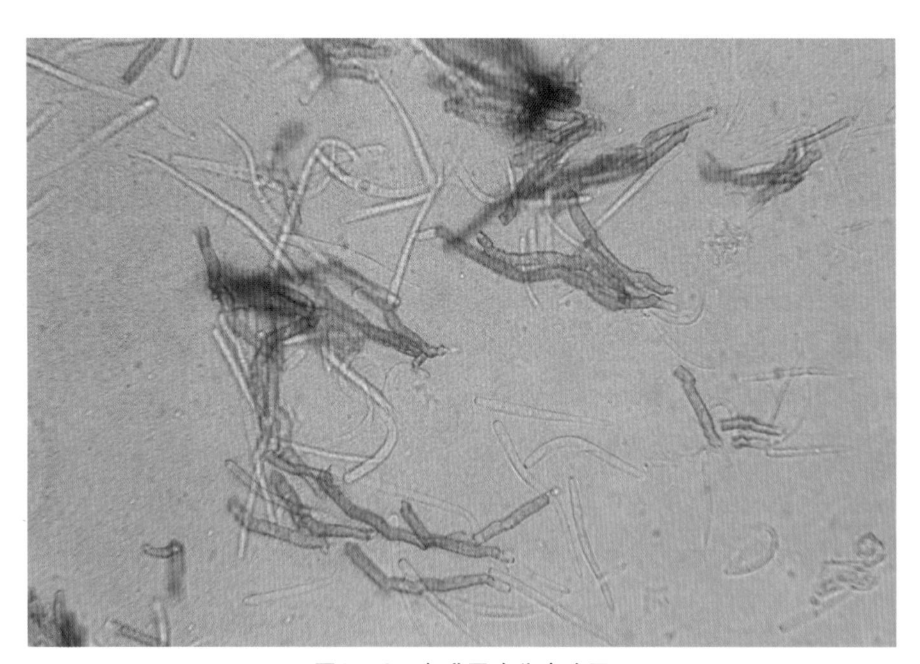

图3–16　咖啡尾孢分生孢子

（三）发生规律

此病是一种分布广泛的病害，各品种咖啡都可感染此病。病菌常以菌丝在病组织内越冬，有些地方无越冬现象，整年均以分生孢子借风雨传播。发芽最适温度为25℃左右，在叶片上孢子通过气孔侵入，在果实上则通过伤口侵入。为害叶片、果实，引起落叶、落果，造成一定损失。土壤瘦瘠、缺少庇荫、生势较差的幼苗和幼树发病严重。苗圃幼苗或新植区的幼苗如直接暴露于阳光下，叶片就易感染此病，反之则较少感病。苗圃幼苗通常在4 ～ 11月发病，以阴雨天盛行，严重感病植株的叶片大量脱落，甚至枯枝。此病是苗圃的主要病害之一。降雨多，相对湿度95%以上，或咖啡园长期阴湿，咖啡植株表面长时间保持湿润，最有利于该病发生。

（四）防治措施

1. 农业防治

加强抚育管理，合理施肥；咖啡园适当种植庇荫树，创造适合咖啡生长的小气候环境，使咖啡树生长健壮，提高植株抗病能力。

2. 化学防治

发现病株时，选用0.5%～ 1.0%波尔多液、苯来特800 ～ 1 000倍液、50%多菌灵可湿性粉剂500倍液喷施，每15 ～ 20天1次，连喷2 ～ 3次。

四、咖啡细菌性叶斑病

（一）为害症状

主要为害叶片，叶片各部位均可受侵染，多在叶片边缘或叶脉两侧发生（图3-17）。发病初期，叶片出现细小、暗绿色水渍状小斑点，随后扩大成不规则形的大小约1 厘米的病斑，病斑中央深褐色，其余为浅褐色或深浅褐色相间；病斑边缘不规则，略呈波纹状，并带模糊的水渍状痕，其外围有黄色晕圈。有时病斑扩展受主脉限制而呈椭圆形，稍凹陷，病斑边缘有明显的黄色晕圈。浆果受害后也产生相似的病斑，而嫩枝受害后产生椭圆形病斑，栓皮粗糙。发病3周的病叶两面都有淡黄色的晶状物。在潮湿条件下，病斑背面常出现渗出浅褐色的细菌溢浓。严重时病叶脱落。枝条干枯和幼果坏死。

图3-17 叶片受害症状

（二）病原

咖啡细菌性叶斑病病原为丁香假单胞菌咖啡致病变种（*Pseudomonas syringae* pv.*garcae*）菌落圆形，乳白色，半透明，稍隆起，表面光滑，边线微皱（图3-18）。菌体短杆状，革兰氏染色阴性，鞭毛1至数根极生（图3-19），生长适温为26～30℃，34℃以上停止生长。

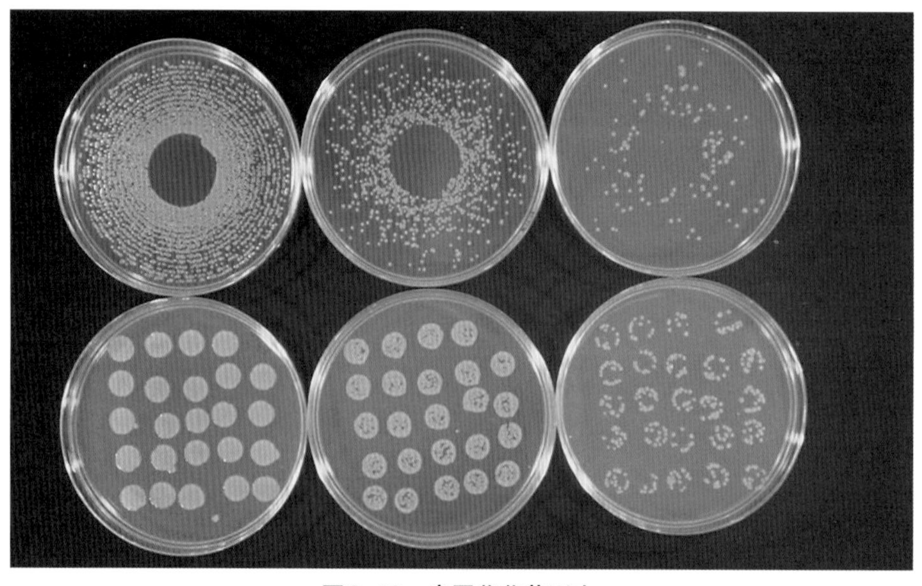

图3-18 病原菌菌落形态

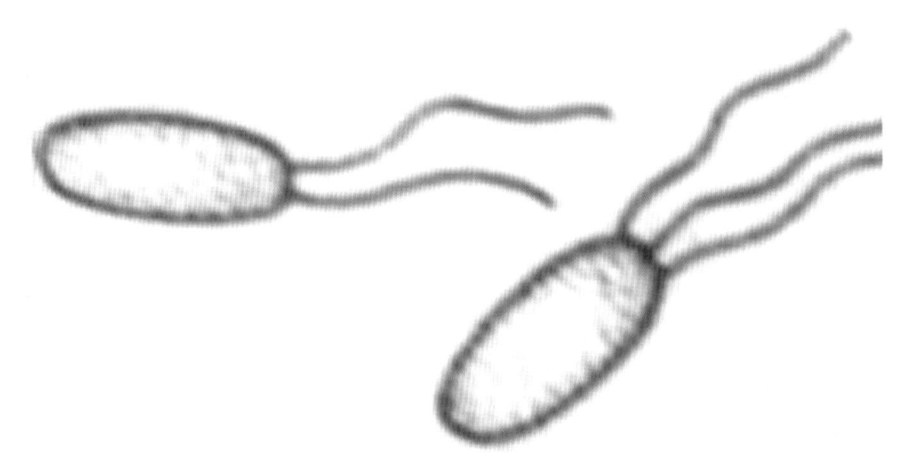

图3-19　病原菌菌体形态

（三）发生规律

雨水是本病发生的基本条件，特别是台风雨或暴雨，不但有利病原细菌的蔓延、传播，而且给叶片造成大量伤口，有利于病菌侵染为害。本病主要发生在生长茂盛的幼龄中粒种咖啡。随着树龄长大，生势减弱，病害逐渐减轻，甚至消失。

（四）防治措施

1. 农业防治

搞好田间卫生，清除枯枝落叶和坏死的幼果，并集中烧毁。

2. 化学防治

发病初期，喷施1%波尔多液、25%叶枯灵250 ～ 300倍液、77%可杀得可湿性粉剂500 ～ 800倍液，每隔2周施药1次。特别是台风雨后更要及时喷药。

五、咖啡煤烟病

（一）为害症状

叶片、枝条、果实均可感病。叶片感病后叶面被煤烟状霉层覆盖而变黑（图3-20），后期在叶面上散生黑色小点，容易被水冲去。被害枝条、果实亦变黑，受害轻的果实表面出现黑色霉点，严重的全果变黑（图3-21）。多数时候在煤烟状霉层中还混有刺吸式口器害虫（如介壳虫、蚜虫等）排泄的黏质物（俗称“蜜露”）（图3-22）。这类害虫除为煤炱菌提供营养外，也是病菌的携带者和传播者。严重发生时，植株光合作用受阻，导致产量和果实品质降低（图3-23）。

图3-20　叶片受害症状

图3-21　果实受害症状

图3–22　绿蚧分泌物诱发煤烟病

图3–23　感病后植株长势衰弱

（二）病原

咖啡煤烟病病原为*Capnodium brasiliense* Pullemans，为座囊菌目，煤炱科，煤炱属真菌。此菌属寄生菌。

（三）发生规律

病菌以昆虫排出的蜜露为主要营养来源，有时也利用寄主叶片本身的渗出物，在枝叶表面营腐生生活。营养体和繁殖体均能越冬或越夏。病害流行与同翅目昆虫的活动和虫口密度密切相关。这类害虫除为煤炱菌提供营养外，也是病菌的携带者和传播者。该病借蚜虫、介壳虫的分泌物来繁殖，又通过蚂蚁传播。荫蔽和潮湿的环境有利于该病的发生与流行。

（四）防治措施

1. 农业防治

做好修枝整形，保持树体通风透光良好。做好引发本病的蚜虫、介壳虫和蚂蚁等害虫的防治。

2. 化学防治

选用48%乐斯本乳油1 000 ～ 2 000倍液，或25%蚜虱净可湿性粉剂3 000倍液，或0.3%苦参碱水剂200 ～ 300倍液，或2.5%功夫乳油1 000 ～ 3 000倍液等，可防治介壳虫、蚜虫、蚂蚁等害虫。

六、咖啡幼苗立枯病

（一）为害症状

该病是咖啡幼苗期的重要病害，主要危害幼苗与土壤交接的根颈部。发病初期受害部分出现水渍状病斑，以后病斑逐渐扩大，造成茎干环状缢缩，使顶端的叶片凋萎，整株青枯死亡。潮湿时病部长出乳白色菌丝体，形成网状菌索，后期长出菜籽大小的菌核，颜色由灰白色到褐色（图3-24）。

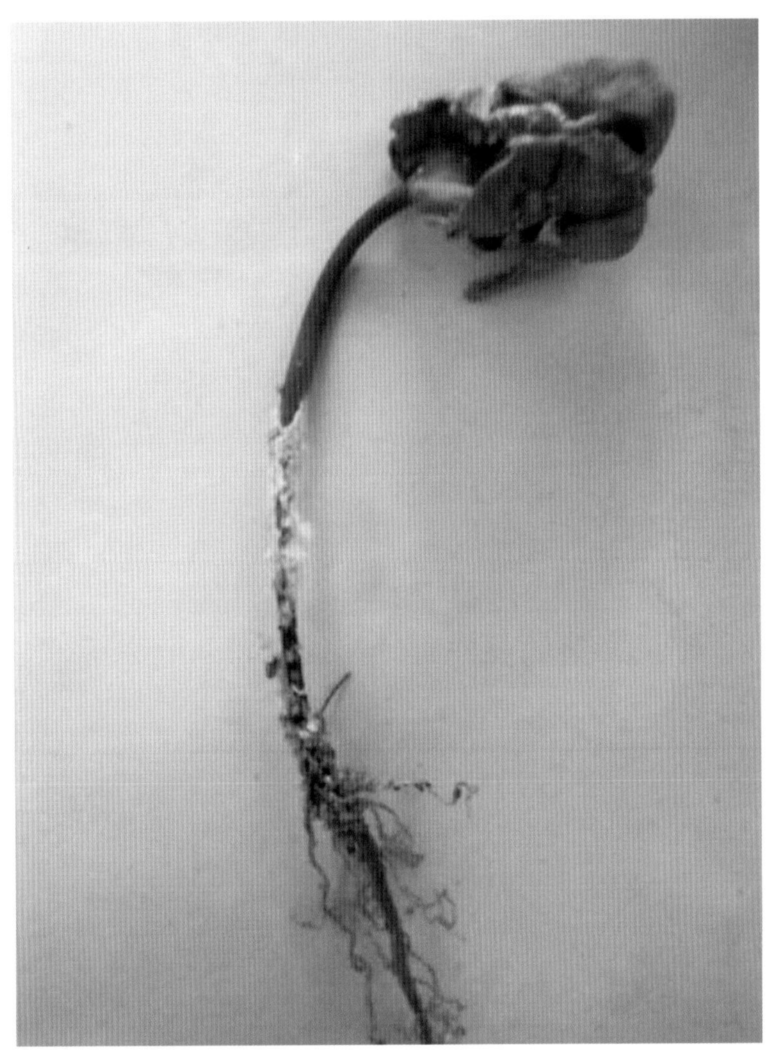

图3-24　咖啡幼苗受害症状

（二）病原

咖啡幼苗立枯病病原为立枯丝核菌（*Rhizoctonia solani* Kuhn.）（图3-25），为半知菌亚门，无孢科，丝核菌属真菌。是一种严重危害农作物的土传病原菌。

（三）发生规律

黑褐色的菌核残留在土壤的表面，在土壤中可存活2～3年。遇到足够的水分和较高的湿度时，菌核萌发出菌丝，然后通过雨水、灌溉水、土壤中水的流动传播蔓延。病菌的菌丝直接侵入幼苗根部，破坏根部细胞组织，造成病部收缩、干枯，病苗呈萎蔫状，随之渐渐枯死。在高温高湿、地势低洼、排水不良、淋水过多、苗床过分荫蔽、连作或存在其他枯死植物残屑条件下，都利于该病发生。

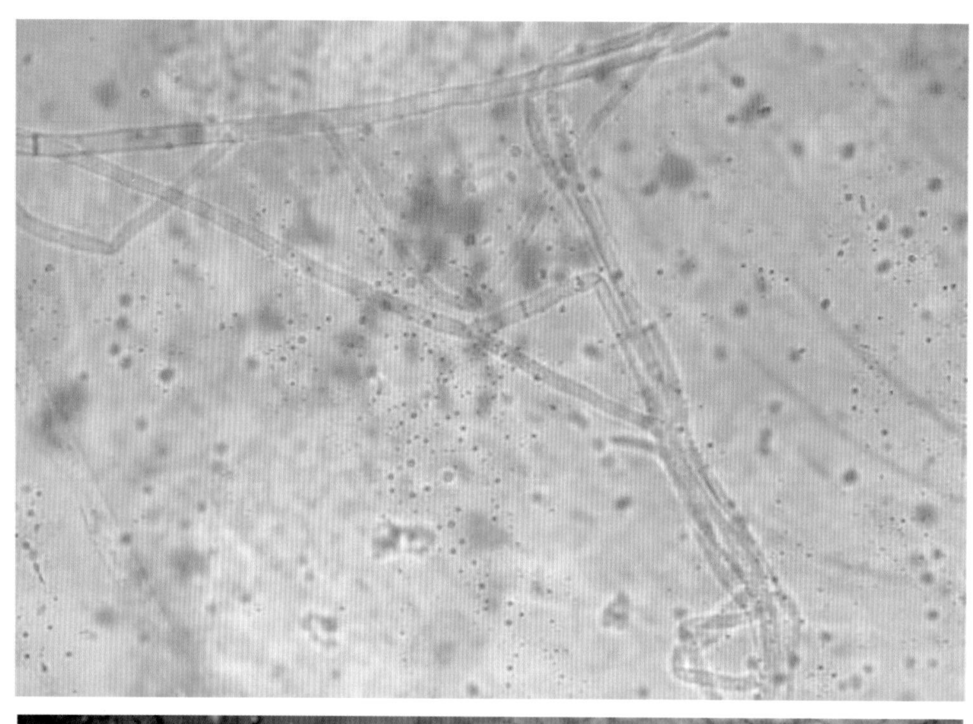

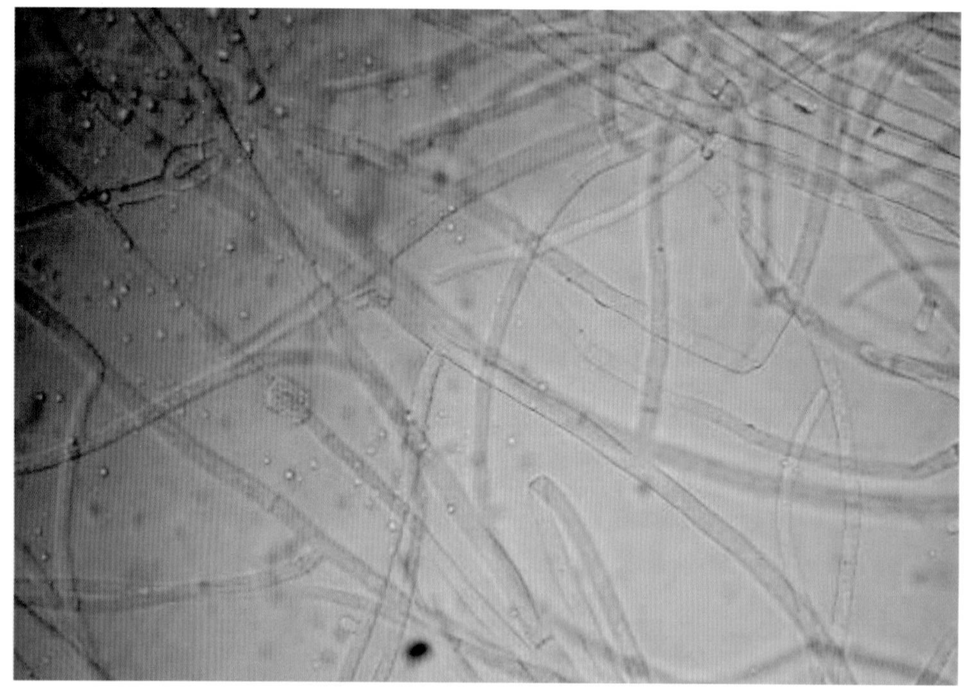

图3–25　咖啡幼苗立枯病菌丝

（四）防治措施

1.农业防治

（1）苗圃地不宜连作，整地要细致、平整，最好高畦育苗，避免苗圃积水。
（2）播种不宜过密，淋水不宜过多，保持田间清洁，及时清除枯枝落叶。
（3）苗床播种覆盖沙土前进行土壤消毒。

2.化学防治

选用45%代森铵水剂300 ~ 400倍液、20%萎锈灵乳油900 ~ 1 000倍液喷洒畦面，及时拔除病株，对病株周围的健株树冠及根茎喷0.5% ~ 1%波尔多液控制病害蔓延。

七、咖啡黑小蠹

（一）分类地位

咖啡黑小蠹（*Xyleborus morstatti* Haged），又名咖啡黑枝小蠹、楝枝小蠹（图3-26），属鞘翅目，小蠹科。

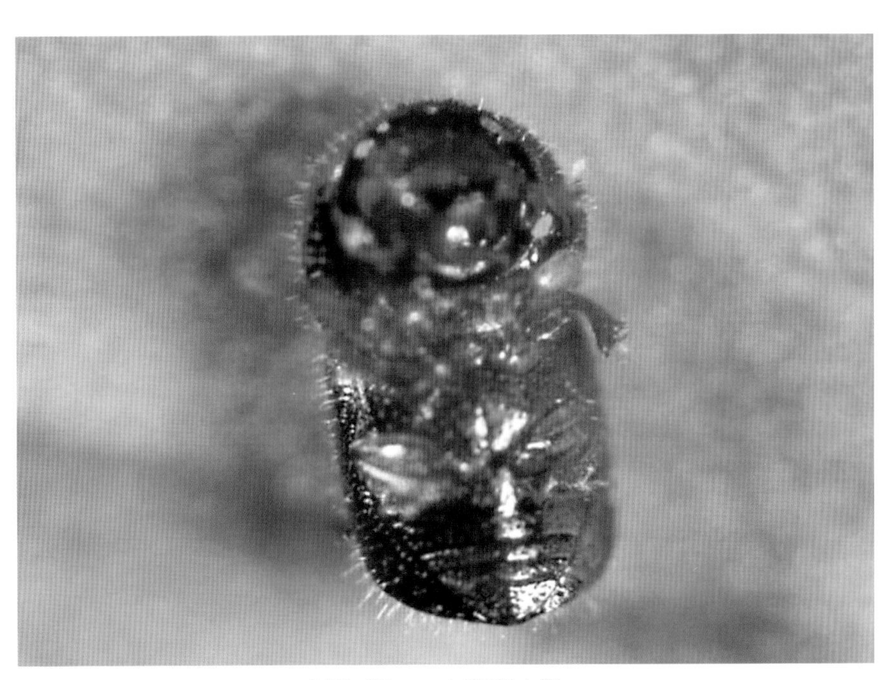

图3–26　咖啡黑小蠹

（二）形态特征

成虫：雌成虫体长1.5 ～ 1.8 毫米，宽0.7 ～ 0.8 毫米，体粗壮，长椭圆形，刚羽化时为棕色，后渐变为黑色，微具光泽，触角及褐色，被灰白色短绒毛。触角短锤状，锤状部圆球形。前胸近球形，背板显著突出，前缘具同心圆排列的小突起。鞘翅上具较细的刻点，刻点间具刚毛，刚毛较长而稀少。前足胫节有距4个，中后足胫节分别有距7 ～ 9个（图3-27）。雄成虫体小，体长1.0 ～ 1.2 毫米，宽0.45 ～ 0.65毫米，红棕色，椭圆形，略扁平，前胸背板后部凹陷，鞘翅上具较细的刻点，刻点间具刚毛，刚毛较长而稀少。

卵：长0.5 毫米，宽0.3毫米，初产时白色透明，后渐变成米黄色，椭圆形，将近卵化时表面出现凹凸不平（图3-28）。

幼虫：老熟幼虫体长13毫米，宽05毫米，全身乳白色。胸足退化呈肉瘤凸起（图3-29）。

蛹：白色，裸蛹。雌蛹体长2.0 毫米，宽0.87 毫米，雄蛹体长1.25 毫米，宽0.62 毫米（图3-30）。

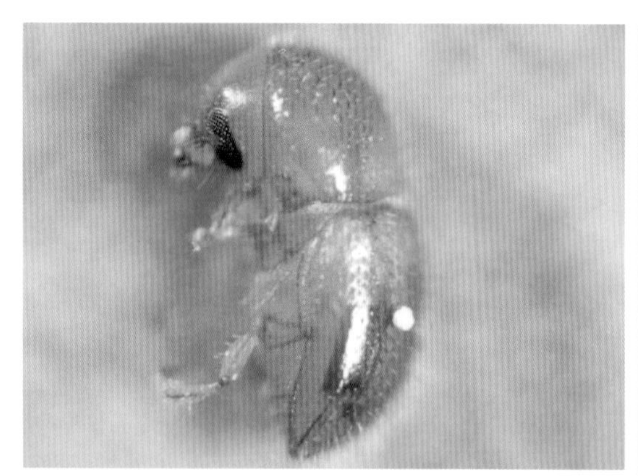

图3–27　咖啡黑小蠹成虫

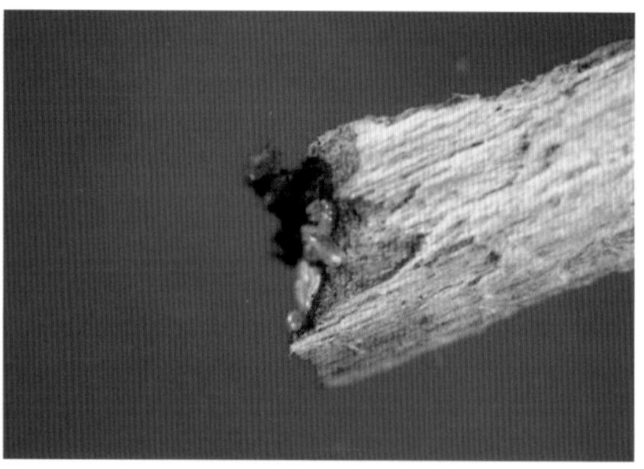

图3–28　咖啡黑小蠹卵

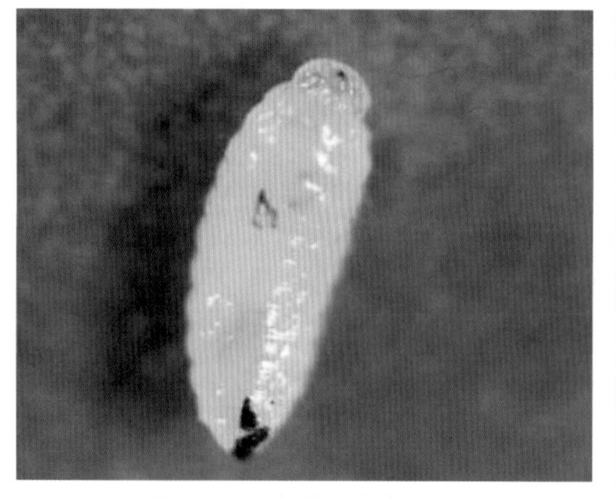

图3–29　咖啡黑小蠹幼虫

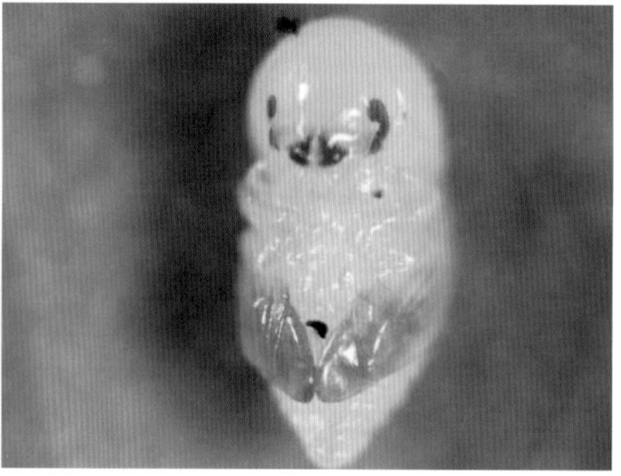

图3–30　咖啡黑小蠹蛹

（三）发生及为害

咖啡黑小蠹以雌成虫钻蛀咖啡枝条及嫩干，受害枝条大约在15天后叶片干枯（图3-31），并导致整枝干枯或被果实压折，严重影响当年果实产量。雌成虫交配后在旧洞附近枝条上不断咬破寄主表皮，待选择到适宜处便蛀进枝条木质部中心，然后纵向钻蛀，产卵于隧道内。幼虫孵化后取食隧道内穴壁上菌丝，不再钻蛀新蛀道，老熟幼虫即在原蛀道内化蛹。在整个子代发育进程中雌成虫一直成活，守候在洞口，直到子代大部分或全部化蛹，或个别新成虫形成，老成虫才死亡或爬出旧洞。

该虫在海南每年发生6 ～ 7代。田间种群数量通常在3月上旬开始剧增，3月中下旬为高峰期，7 ～ 10月田间虫口极少，11月以后逐渐有虫口及虫枯枝出现。世代重叠，终年可见到各虫态（图3-32）。每个世代历期长短随季节而变化，在8 ～ 9月完成一个世代平均需要20天，而12月完成一个世代则需68天。平均每只雌成虫产卵量在15粒以上，最多达40 ～ 50粒。

图3-31　咖啡枝条受害症状

图3-32　一个隧道内完成一个世代

（四）防治措施

1. 农业防治

（1）培育健壮种苗。从生长健壮的中粒种咖啡植株上采摘红色果实，进行种子培育种苗；或从优良品种母树上剪取健壮的无虫直生枝，进行芽接或扦插培育种苗。

（2）加强田间栽培管理。改良土壤，适当施用磷、钾肥，增施有机肥，加强浇水、覆盖物、除草、修剪等田间管理，提高植株抗虫性。

（3）清除虫枝。每年12月及翌年1～2月及时彻底地清除受害的活枝条及枯枝，以减少虫源基数。在发生时期，田间出现虫枝随时清除烧毁。

2. 化学防治

在成虫飞出洞外活动高峰期，用2.5%溴氰菊酯或48%乐斯本1 000倍液喷雾，杀死洞外活动的成虫，降低健康枝条受害率。

八、咖啡根粉蚧

（一）分类地位

咖啡根粉蚧（*Pseudococcus lilacinus* Cockerell），又名可可刺粉蚧，属同翅目，粉蚧科。

（二）形态特征

成虫：雌成虫体长2.5 ～ 3.5毫米，宽1.2 ～ 1.5毫米，椭圆形，背面隆起，体紫色，背面被白色蜡粉，体边缘有短而粗钝的蜡毛17对，自头部至尾端向后越长。触角丝状，淡黄色，共8节；胸足发达，淡黄色，能自由行动。体腹面腺堆共18对。雄成虫体长1.0 ～ 1.3毫米，宽0.3 ～ 0.38毫米，呈榄核形，黄褐色。触角丝状，10节，尾端具有1对长蜡毛。

卵：椭圆形，紫色，常聚集成堆。外被白色蜡粉。

若虫：初孵时为紫红色，外形与雌成虫相似，背面扁平，无蜡粉，以后随虫龄发育蜡粉增加，体边缘的蜡毛随虫龄增加而明显突出。

（三）发生及为害

咖啡根粉蚧主要为害咖啡根部，以若虫（图3-33）和成虫（图3-34）寄生在咖啡根部吸食植株汁液，常在咖啡根部周围布满白色绵状物（图3-35）。初期先在根颈2 ~ 3厘米深处为害，以后逐渐蔓延至主根、侧根遍布整个根系，吸食其液汁。常和一种真菌共生，为害后期菌丝体在根部外结成一串串灰褐色瘤疱，将介壳虫包裹其中，借以掩护而大肆繁衍，严重消耗植株养料及影响根系生长，使植株早衰，叶黄枝枯（图3-36），最后因根部发黑腐烂，整株凋萎枯死。

图3-33　咖啡根粉蚧若虫

图3-34　咖啡根粉蚧成虫

图3-35　根部受害症状

图3-36　枝条受害症状

咖啡根粉蚧一般1年发生2代，以若虫在土壤湿润的寄主根部越冬，翌春3～4月为第一代成虫盛期，6～7月为第二代成虫盛期。世代重叠，一般完成一世代要经60多天，卵期2～3天，若虫期50天，雌成虫寿命15天，雄成虫3～4天。主要靠蚂蚁传播，同时蚂蚁取食其分泌的蜜露，并为之起保护作用。一般喜在土壤肥沃疏松、富含有机质和稍湿润的园地发生。

（四）防治措施

1. 农业防治

（1）严格检疫，不种植带虫咖啡苗。

（2）加强田间管理，避免土壤过分干旱，咖啡园随时保持清洁，铲除杂草，控制和减少蚂蚁数量。

（3）咖啡根粉蚧的寄主范围广，应做好园地周边寄主植物根粉蚧的防治，消灭虫源。

2. 化学防治

（1）在咖啡苗田间定植时，用2.5%功夫乳油800倍液或亩旺特240克/升悬浮剂3 000倍液喷施幼苗根部。

（2）为害严重时用48%乐斯本乳油1 000倍液或40%辛硫磷500倍液灌根，每株药液用量500毫升。

九、咖啡灭字虎天牛

（一）分类地位

咖啡灭字虎天牛（*Xylotrechus quadripers* Chevrolat），俗称钻心虫、柴虫，属鞘翅目，天牛科。

（二）形态特征

成虫：体长10 ~ 17毫米，宽3 ~ 5毫米。体黑色，密生黄色或灰绿色短毛。触角长7.5毫米，黑色。前胸近球形，背板中央具一黑纹，其两侧各一小圆形黑纹，呈近似“小”字形排列。鞘翅基部具一横形带，鞘翅前半部两侧各有一黄绿色短带纹向肩部突出，其内侧各具有一横带纹，沿翅缝横向达边缘，排列成“灭”字形。鞘翅中央后方各具一近似三角形的黄绿色纹。鞘翅末端具一半圆形黄绿色斑纹，鞘翅的外角生有一条短刺（图3-37）。雄成虫头部额区有两道明显的隆起线，后腿节不超过鞘翅末端。

卵：长1.5毫米，宽0.5毫米，乳白色，椭圆形，一端略细（图3-38）。

幼虫：老熟幼虫体长18 ~ 20毫米，略呈扁圆形，全体淡黄色。头部较小，上鄂黑褐色，下鄂黄褐色。前胸背面硬皮板长方形，前缘有一凹陷，有一条隆起线将硬皮板分成两半，其他各节均有肉疣。全身生微细毛。胸部第二节和腹部第四至十节，各节两侧均有一对椭圆形的气门，以第二节的气门较大且着生于腹部侧下方。肛门开口呈Y形（图3-39）。

蛹：体长10 ~ 20毫米，宽4 ~ 5毫米，黄褐色，长椭圆形。头细小，贴于腹面，触角紧贴头部两侧，伸达第一腹节的前缘。下唇须伸达前足基节。前足和中足贴于中胸腹面，后足屈贴于腹部两侧，跗节屈贴于腹板中央，末端伸达第四腹节，腿节末端伸至第五腹节。腹部背面可见7节，各节着生短褐色刺毛，腹面可见6节，末节细小（图3-40）。

图3-37 咖啡灭字虎天牛成虫

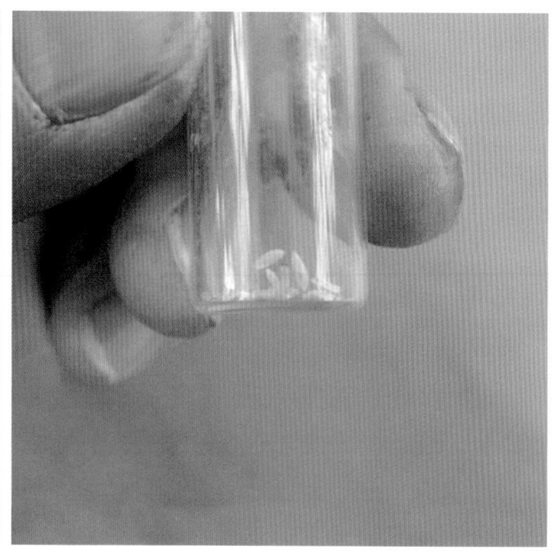

图3-38 咖啡灭字虎天牛卵

图3-39 咖啡灭字虎天牛幼虫

图3-40 咖啡灭字虎天牛蛹

（三）发生及为害

咖啡灭字虎天牛以幼虫钻蛀咖啡枝干为害。幼虫钻蛀树干木质部后，阻碍养分、水分的输导，造成主干顶芽、顶叶萎蔫，树势衰弱。被害的咖啡树干受推拉或风吹后易从被害处折断（图3-41），剖解树干，蛀道被粉末状粪便所填塞。若是向下蛀入根部，常导致整株枯死。其为害株率一般为2%～5%，重者达10%～25%。防治不适时，可重复为害，随种群数量逐年递增，严重的可使整个咖啡园毁灭。

图3-41 咖啡灭字虎天牛为害状

咖啡灭字虎天牛在不同咖啡种植区的发生规律，因越冬虫态和气温不同而有差异。该虫完成1个世代需1年（图3-42），全年可发生3代（3个成虫峰期）。以幼虫在茎干内越冬的翌年主要发生2代，部分以成虫越冬的第二代成虫，始见期早，若气温较高，旱季长，一年能发生3代，田间世代重叠。通常在2月至11月底都能见到成虫出现。第一代成虫占全年总量的10％，第二代成虫占75%，第三代成虫占15%。1年中的3个成虫发生高峰期分别为：3月中下旬至4月中下旬、5月中下旬至7月上中旬、9月中下旬至10月中下旬。各代成虫出孔后喜在阳坡咖啡树干上活动，交配后的雌虫即在树干粗皮裂缝离地面10～30厘米处产卵，卵散产，一般3～5粒一排，每个雌虫产卵可历时3～5天，产卵量80～150粒。卵在20～35℃，相对湿度70%～90%条件下均能孵化。幼虫共分6龄，初孵幼虫从孵化处蛀入树干表皮层为害，在树干表皮层3～5毫米处蛀食成弯曲或不规则的块状隧道；2～3龄时开始向内蛀害。对直径2.5厘米以上树干，多以纵向、横向或斜向向上蛀食为害；对直径2.5厘米以下树干，便沿枝干髓部中心向上蛀食。当温度降至20～25℃，相对湿度降至70%以下，日照强烈，气候干燥，幼虫受日照、光波刺激，陆续不食不动，以幼虫滞育态在树干木质内越冬；当温度回升达20～25℃，相对湿度达70%～75 %，气候回潮，滞育越冬解除，各代次幼虫开始取食，继续发育。自然情况下，较少为害幼龄树。

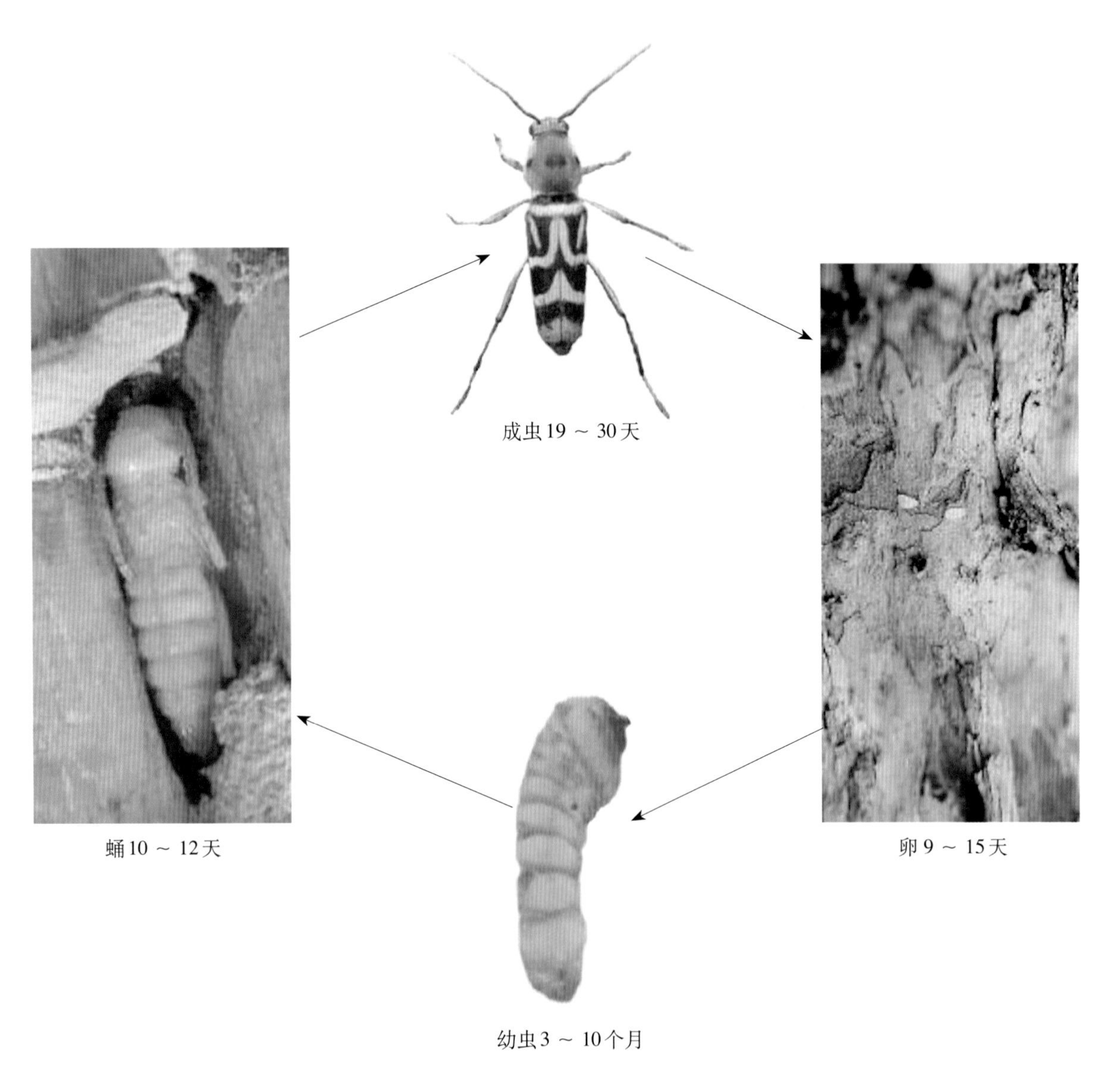

图3–42　咖啡灭字虎天牛生活史

（四）防治措施

1. 农业防治

（1）种植抗逆性强、高产、密集矮生品种，适度荫蔽，合理密植。

（2）加强咖啡园的管理，尤其在采果结束后，统一对虫害枝干进行一次全园清除，及时处理虫害树，并将清除的虫害枝集中清出园外烧毁。

(3) 人工捕杀害虫，减少虫口密度。据该虫的发生规律，在各代次成虫离树干、出蛀孔前认真逐株检查，重点抓住第二代成虫的防治时机，于5月中下旬前对3年生以上的成龄咖啡树逐株检查，随时发现随时清除，砍下蛀洞上下两截主干集中烧毁。

(4) 清除咖啡地周边野生寄主，以减少外来虫源。

2. 化学防治

(1) 涂干。在4月中旬前，采用水+胶泥+石灰粉+甲敌粉+食盐+硫黄粉按200 : 150 : 120 : 0.5 : 0.5 : 0.5的配比，混合搅拌成浆糊状，均匀涂刷距地面50 ~ 80厘米的咖啡树干，防治第二代、第三代灭字虎天牛产卵和第一代卵或刚孵出尚未进入木质的幼虫。在当年9月份应再涂干一次，以便防治夏秋代成虫产卵为害。

(2) 5月中下旬至7月上中旬，4.5%高效氯氰菊酯乳油、40%毒死蜱乳油1 200 ~ 1 500倍药液逐株淋喷距地面50 ~ 80厘米树干，每间隔15 ~ 20天淋1次，以杀死咖啡地残存或外来成虫产下的卵或刚孵出尚未蛀入木质的幼虫。

(3) 对咖啡灭字虎天牛常发地段或受害严重的地块，可采用点治、挑治方法，在第一次淋药之后，每间隔15 ~ 20天，连续分2 ~ 3次用上述药液淋干，杀死卵和尚未钻入木质的幼虫。

(4) 每年3 ~ 10月，每月用50%杀螟丹可湿性粉剂500 ~ 1 000倍液喷树干，特别是对树干裸露部位进行喷药，既能提高防虫效果，又降低了成本。

十、咖啡旋皮天牛

(一) 分类地位

咖啡旋皮天牛 [*Acalolepta cervina* (Hope)]，属鞘翅目，天牛科。

(二) 形态特征

成虫：体长15 ~ 27毫米，宽5 ~ 8毫米。全身密被带丝光的纯棕栗或深咖啡色绒毛（图3-43），无其他颜色的斑纹。头顶几乎无刻点，复眼下眼叶大，比颊部略长。雄虫触角超过身体5 ~ 6节，雌虫超3节，一般基节粗大，向端部渐细。雄虫3 ~ 5节明显粗大，第六节骤然变细。触角端部绒毛稀疏，柄节端具开放式端疤。

前胸近方形，侧刺突圆锥形，背板平坦光滑，具稀疏的刻点，有时刻点集中于两旁，前缘微拱凸，近后缘具2条细横沟纹。小盾片半圆形。鞘翅面高低不平，翅肩部较宽阔，向后渐狭，末端略呈斜切状。翅基部无颗粒，仅具刻点，前粗后细，至翅端部完全消失。

卵：长3.5 ~ 4毫米，梭形（图3-44），两端尖，略弯曲。

图3-43　咖啡旋皮天牛成虫

图3-44　咖啡旋皮天牛卵

幼虫：老熟幼虫25 ~ 30毫米，乳黄色，圆筒形（图3-45）。头及前胸硬皮板颜色较深，呈黄褐色至黑褐色，身体其余部分为蜡黄色。胸足完全退化。胸部以前胸为最大，为中后胸二节之和，背面有一方形移动板，其两侧和中央各有一条纵纹，中胸侧面近前胸处有一对明显的气门。

蛹：长约28毫米，乳白色，触角向后延伸至中胸腹面（图3-46），蜷曲作发条状。

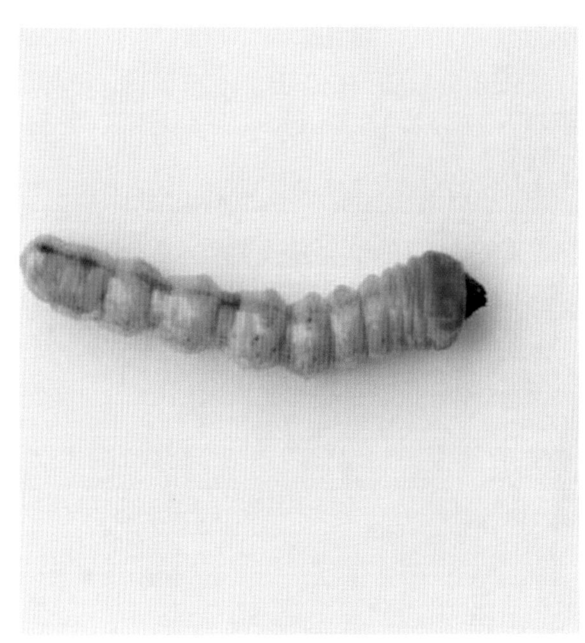

图3–45　咖啡旋皮天牛幼虫

图3–46　咖啡旋皮天牛蛹

（三）发生及为害

咖啡旋皮天牛以幼虫为害咖啡树干基部。被害植株外表呈螺旋状伤痕，叶片变黄下垂，整株呈现枯萎状（图3-47）。轻者翌年不能正常开花结果，需很长时间才能恢复生势，重者枯死。咖啡树在苗期即开始被害，定植后受害加重。2年生幼树被害率达13%，3年生幼树被害率可达68.3%，特别严重地区被害率高达100%。

该虫喜欢为害咖啡幼树。当咖啡树干直径达到1.5厘米时，就可被天牛产卵为害，产卵部位多在距地面10 ～ 20厘米处，树的向阳面产卵量多于背阳面，因此有庇荫的咖啡树受害较轻。幼虫孵化后即在树干皮层下作螺旋状钻蛀取食（图3-48)。由于树茎被连续蛀食3 ～ 4圈，韧皮部全部被切断，植株到8 ～ 9月开始表现出树势衰弱，枝叶枯黄。10月进入旱季，被害植株缺乏营养和水分，导致受害重的植株死亡（图3-49)。由于幼虫早期都在咖啡树茎干基部皮层旋蛀，在没有蛀入木质部时就被天敌捕杀，所以该虫在咖啡树上很少能完成一个世代，为害咖啡的虫源主要是来自野生寄主。

咖啡旋皮天牛以幼虫在寄主内越冬，越冬幼虫于翌年3月下旬开始化蛹，羽化后成虫于4月上旬开始啮羽化孔飞出，并取食交尾和产卵（图3-50)。雌虫产卵时先把树皮咬成1 ～ 2毫米宽的裂缝，每个裂缝产卵1粒。每株树一般产卵1 ～ 2粒，多的可超过5粒。

图3-47　咖啡旋皮天牛为害，叶片变黄下垂

图3-48　树干基部受害症状

图3-49　受害植物整株枯萎

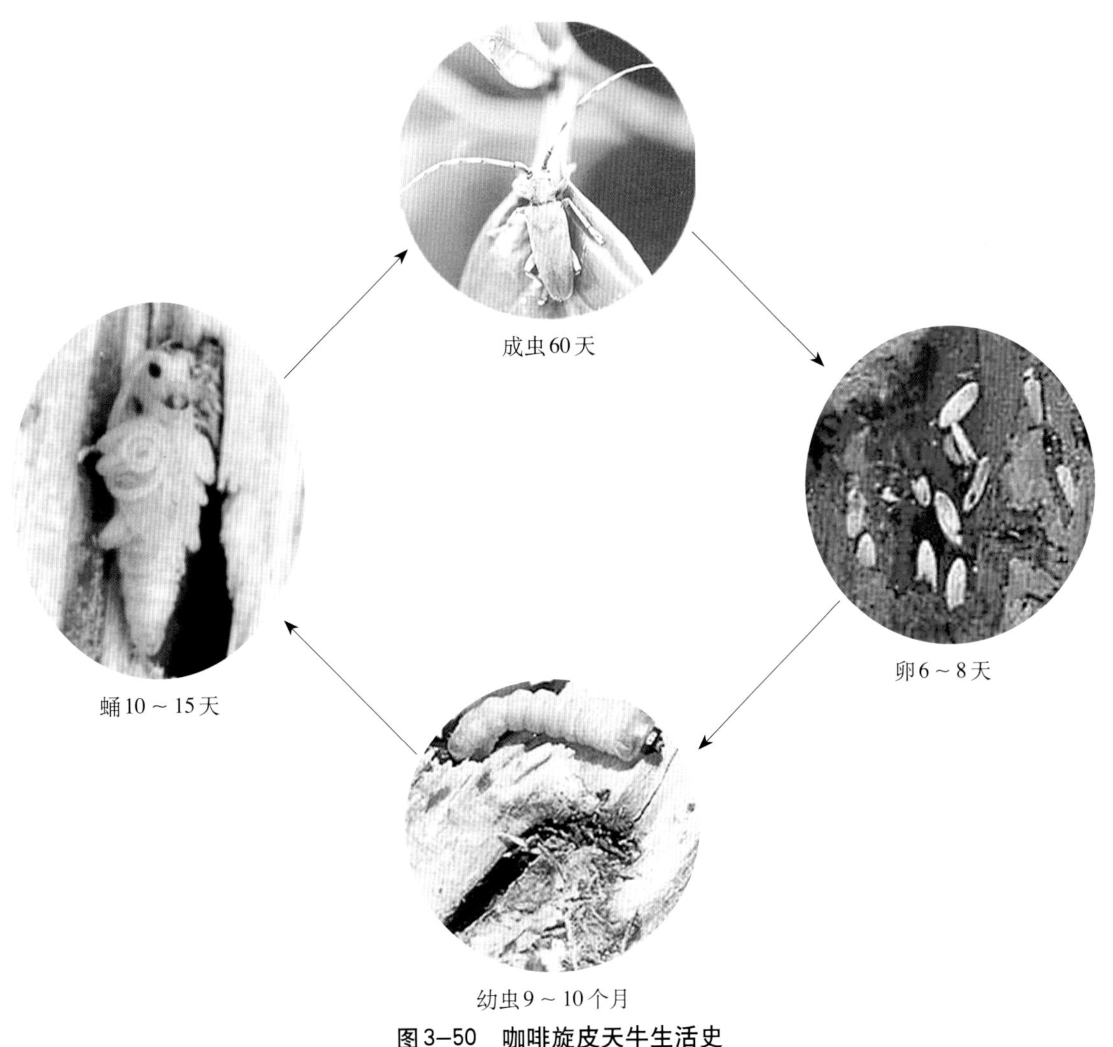

图3–50　咖啡旋皮天牛生活史

（四）防治措施

1.农业防治

(1) 间种庇荫树。卵多产于向阳面，庇荫的咖啡树受害较轻，可用台湾相思、合欢树、橡胶树、澳洲坚果等作庇荫树，也可利用自身生长形成的荫蔽条件创造天牛不适生存的场所。加强施肥修剪，使树势繁茂，减少产卵条件。

(2) 刮除卵痕。旋皮天牛产卵前咬树皮成1～2毫米宽的裂口产卵，刮下的木渣要及时刮除并带出园外销毁。

(3) 清除咖啡地周边野生寄主树。冬季或农闲时，清除咖啡地周边旋皮天牛的野生寄主树，如喜树、菩提树、柚木、菠萝蜜、厚皮树等，以减少虫源。

2. 化学防治

（1）涂干。5月下旬，即成虫羽化前，用1份药液（50%杀螟丹可湿性粉剂或90%晶体敌百虫乳液+毒死蜱）、25份鲜牛粪、10份黏土和15份水调成糊状，涂刷树干基部，防止成虫产卵。

（2）熏蒸幼虫。用棉球蘸药液10 ～ 20毫米，塞入坑道内。树干上有很多排粪孔，选离虫体最近的新排粪孔塞入药棉，然后把树干上其他旧的排粪孔堵塞起来，熏死幼虫。

（3）每年在雨季来临初，每公顷用15%毒死蜱颗粒剂30 ～ 75千克，撒施于咖啡根颈部。

（4）5 ～ 7月选用50%杀螟丹可湿性粉剂500 ～ 700倍液，或4.5%高效氯氰菊酯乳油、40%毒死蜱乳油1 200 ～ 1 500倍药液，逐株喷距地面30 厘米的树干，重点喷2 ～ 3年生幼龄树干，连喷2次，每次间隔7 ～ 10天。这样既提高防虫效果，又降低防虫成本。

十一、咖啡绿蚧

（一）分类地位

咖啡绿蚧［*Coccus viridis*（Green)］，属同翅目，蚧科。

（二）形态特征

雌成虫：体长2.5 ~ 3.25毫米，宽1.5 ~ 2.0毫米，体平，卵形，浅黄绿色（图3-51）。在背部中央有不规则灰黑色斑点状物，中间稍微突出，边缘十分薄，皮肤软，从不几丁化。

卵：圆形，边缘扁平，中间稍微突出。

若虫：初孵若虫体扁平，椭圆形，长约0.4毫米，浅黄绿色，体软（图3-52)。

（三）发生及为害

咖啡绿蚧以若虫和成虫固定在咖啡叶背、枝条和颗实上为害，尤其以幼嫩部位受害严重。以成虫和若虫吸取咖啡嫩叶、嫩梢、花及果实的汁液，通常栖息在叶片下表面紧靠主脉或绿梢顶部附近（图3-53）。叶片受害后发黄，畸形皱缩，最后枝叶干枯（图3-54）。该虫除直接吸取寄主汁液外，排泄密露积聚在叶片上，诱致煤烟病发生（图3-55），影响咖啡的光合作用。植株受害后生势衰弱，被害严重时幼果果皮皱缩，果柄发黄，幼果未成熟即脱落，使咖啡产量减少，品质降低。

咖啡绿蚧1代历期28 ～ 40天，若虫3龄。孤雌生殖，一只成虫一生可产卵数百粒，卵产于母体下面。初孵若虫在母体下面作短暂的停留，而后分散外出，四处爬行，寻找适宜的生活场所，定居后，不再移动。通常栖息在叶片下表面紧靠主脉或绿梢顶部附近。

图3–51　咖啡绿蚧成虫

图3–52　咖啡绿蚧若虫

图3–53　咖啡绿蚧为害状叶片和枝条

图3–54　咖啡绿蚧为害后致枝叶干枯

图 3–55 咖啡绿蚧为害诱发煤烟病

干旱季节和阴湿且通风不良的环境有利于其发生，雨季害虫能被真菌寄生，使虫口密度急剧下降。该虫在叶片上的分布以叶脉两侧较多，嫩枝上多分布在纵形的凹陷处。咖啡绿蚧单株虫口数量增量与平均温度增量显著相关。虫口周年变化呈单峰曲线，峰值出现在8月，为害率最高值出现在9月。2 ~ 3月为咖啡抽生幼嫩枝叶和花芽分化及始花期，咖啡植株的幼嫩组织较多，有利于咖啡绿蚧快速繁殖与扩散传播；5 ~ 6月由于虫口基数积累较大，产生的后代1龄若虫基数较大，有利于扩散传播；8 ~ 9月以后单株虫口繁殖速度下降，9 ~ 10月扩散传播基本停止。

（四）防治措施

1. 农业防治

（1）保护和利用天敌。7月以后由于雨量集中，空气湿度大，有利于绿蚧天敌寄生菌如芽枝霉、球囊菌和笋尖孢霉等的发生与寄生，很大程度上抑制了咖啡绿蚧单株虫口数量的繁殖扩大；另外，绿蚧天敌中的肉食性昆虫如大红瓢虫、红环瓢虫、二星瓢虫以及内寄生天敌膜翅目中的小蜂科种类的"滞后现象"，进入6～7月后开始大量发生，对咖啡绿蚧单株虫口数量的扩展产生抑制作用。

（2）加强咖啡园管理，提高咖啡树抗虫能力。发现虫枝及时剪除，同时还要防止蚂蚁上树传播。

2. 化学防治

选用40%乐斯本乳油1 000～2 000倍液，或亩旺特240克/升悬浮剂3 000～4 000倍液，或0.3%苦参碱水剂200～300倍液，或2.5%功夫乳油1 000～3 000倍液等，喷洒树体，连续喷2～3次。

十二、咖啡木蠹蛾

（一）分类地位

咖啡木蠹蛾［*Zeuzera coffeae*（Nietn）］，又名咖啡豹蠹蛾，属鳞翅目，木蠹蛾科。

（二）形态特征

成虫：雌虫体长18～22毫米，翅展45～50毫米，触角丝状。雄虫体长11～15毫米，翅展23～36毫米。触角基部羽状，端部丝状。全身被灰色鳞片，复眼黑色，口器退化，胸部有灰白色长绒毛，中胸背板两侧有3对由青蓝色鳞毛组成的圆斑。翅灰白色，在翅脉间密布大小不等的青蓝色斑点（图3-56）。雄虫胫节内侧着生一个比胫节略短的前胫突。腹部赤褐购，外被白色细毛，3～7节背面及侧面有5个青蓝色毛组成的横列。第八节的背面几为黄色鳞片所覆盖。

卵：长约1.2毫米，宽0.8毫米，长椭圆形，两端钝圆，淡黄色，卵壳较薄，表面无饰纹，呈块状紧密粘结于枯虫道内。

幼虫：体长17～35毫米，初孵幼虫紫黑色，随虫龄的增长色泽变为紫红色，头部深褐色。体上着生白色细毛。前胸硬皮板黄褐色。前半部有一个黑色的长方形斑，后缘有黑色齿状突起4列，形如锯齿状。臀板黑褐色（图3-57）。

蛹：体长18～26毫米，赤褐色，第二至七腹节背面各具2条横形隆起，第八节仅具1条，节上具锯齿状刻纹。腹部末端下侧方有刺列，由8枚刺状突起组成。

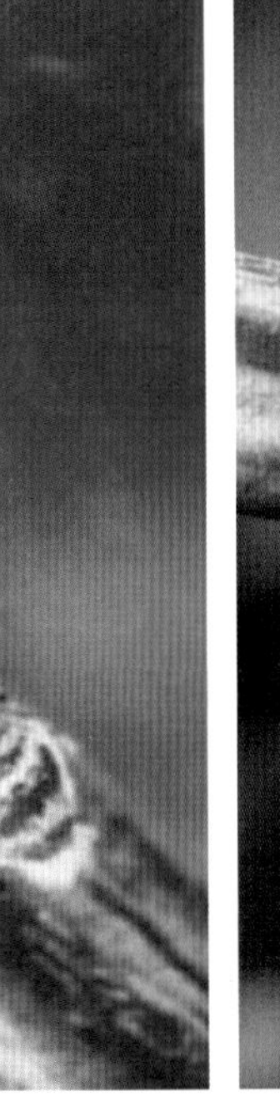

图3–56　咖啡木蠹蛾成虫

图3–57　咖啡木蠹蛾幼虫

（三）发生及为害

该虫1年发生2代。越冬代和夏秋代的成虫分别出现在4～6月和8～10月，5～7月和9～11月是两代幼虫初侵入和转移侵入的时期。成虫白天静伏不动，黄昏后开始活动。初孵化成虫的不活动，经数小时后才开始交尾产卵，卵产于咖啡幼树的嫩梢及枝条上，卵单粒散产，每一雌虫平均产卵600粒左右，产卵期2天，卵期20天左右。初孵化的幼虫从从枝条顶端的叶腋处蛀入嫩茎和枝条，向枝条上部蛀食，先在木质部和韧皮部之间绕枝干咬一蛀环，然后向上沿髓部蛀成直隧道，3～5天内，被害处以上部位的枝干即黄化枯死（图3-58），遇风从蛀口处折断。被害枝折断后，幼虫钻出枝条外向下转移，在不远处节间又蛀入枝内继续为害。经如此多次转移，幼虫长大，便向下部枝条转移为害。一般侵入离地15～20厘米的主干部，蛀入孔圆形，常有黄色木屑排出孔外（图3-59）。以1～3年生的幼龄咖啡树受害较重。该虫主要来源于附近的野生寄主，如铁刀木、喜树等。

图3-58　咖啡木蠹蛾为害状1

图3-59　咖啡木蠹蛾为害状2

（四）防治措施

1.农业防治

（1）经常检查，因受害株比较容易辨认，结合咖啡树整形修剪，及时剪除被害枝条，集中园外烧毁；

（2）在幼虫初入期未转移侵入前折枝进行人工捕杀。

2.化学防治

（1）对蛀入枝干木质部深处为害的幼虫，用48%毒死蜱乳油500倍液注入虫道内，以黄泥封孔，可收到良好的防治效果。

（2）选用25%杀虫双水剂500倍液，或亩旺特240克/升悬浮剂3 000 ～ 4 000倍液、或50%辛硫磷乳油1 000 ～ 1 500倍液，或40%烟碱乳油800 ～ 10 000倍液等喷洒树体，连续喷2 ～ 3次。

十三、咖啡盔蚧

（一）分类地位

咖啡盔蚧（*Saissetia coffeae* Walker），属同翅目，蚧科。

（二）形态特征

成虫：雌成虫体长3.5 ～ 6毫米，黄褐色，卵圆形，体背光滑，中央有5条纵向隆脊，体背边缘有放射状隆起线。气门刺3根，中央1根约为两侧长度的3倍。雄成虫体长1.2 ～ 1.5毫米，红褐色。翅展3 ～ 3.5毫米，翅土黄色。腹部末端有2条很长的白色蜡丝。

卵：长0.2 ～ 0.25毫米，长椭圆形，半透明，初产时乳白色，后变淡黄色，卵化前变粉红色，卵面覆有蜡质白粉。

若虫：初孵时为半透明，淡黄色。眼红褐色，触角、足发达，有尾毛1对。若虫不久后变黄褐色，体外有一层极薄的蜡层。

（三）发生及为害

咖啡盔蚧以成虫和若虫有规律地排列叶背、枝条及果实上为害（图3-60，图3-61），受害寄主轻者叶片变黄，重者叶片干枯脱落。该虫除大量吸食寄主营养物质外，其分泌的蜜露成为霉菌的天然培养基，易诱发煤烟病，妨碍光合作用。该虫大量发生时，其密被于枝、叶表面，严重影响咖啡树的呼吸作用，造成植株生势衰弱。该虫每年发生3代，以若虫越冬。各代若虫孵出的时间分别为5月下旬、8月下旬和翌年1月上旬。雌成虫产卵于母体分泌形成的蜡质介壳内，一雌虫可产卵数百粒至上千粒，雌成虫产卵后即死亡。初孵若虫从母壳爬出，分散后多在叶背面定居取食，仅少数个体随着龄期增大而转移到嫩枝上取食。咖啡盔蚧种群完全由雌性个体组成，成虫孤雌生殖，繁殖力强，世代重叠。

图3-60　咖啡盔蚧为害果实

图3-61　咖啡盔蚧为害植株

（四）防治措施

1. 农业防治

加强咖啡园的管理，提高咖啡树的抗虫能力。发现虫枝，及时剪除。同时，还要防止蚂蚁上树传播盔蚧。

2. 化学防治

若虫高峰期，选用48%乐斯本乳油1 000 ～ 2 000倍液、亩旺特240克/升悬浮剂3 000 ～ 4 000倍液、0.3%苦参碱水剂200 ～ 300倍液、2.5%功夫乳油1 000 ～ 3 000倍液等喷洒树体。

十四、咖啡吹绵蚧

（一）分类地位

咖啡吹绵蚧（*Icerya purchasi* Maskell），属同翅目，蚧科。

（二）形态特征

成虫：雌成虫椭圆形，体长5 ～ 7毫米，宽3.7 ～ 4.2毫米，虫体橘红色，体表面有黑色细毛。背面隆起，被白色蜡粉。腹部周缘有小瘤状突起10余个并分泌遮盖身体的绵团状蜡粉。发育成熟后其身后形成白色卵囊，卵囊联成一体明显的纵行沟纹约15条。雄成虫较瘦小，体长2 ～ 3毫米，翅长3 ～ 5毫米。虫体橘红色，胸部黑色，腹部橘红色。腹部8节，末节有瘤状突起2个。翅深紫色，翅狭长，前翅1对，翅面有翅脉2条或白色纵浅2条，后翅退化成平衡体。腹末有2个肉质突起。各有4根长毛。

卵：长椭圆形，橘红色，包藏在卵囊内。

蛹：橘红色，长3 ～ 4毫米，被有白色蜡质薄粉，外裹白色蜡丝茧。

（三）发生及为害

咖啡吹绵蚧常群集在咖啡叶片、嫩芽、枝条上为害（图3-62），发生严重时，叶色发黄，造成落叶和枝条枯萎，除大量吸取寄主营养物质外，其分泌大量的蜜露

图3-62　咖啡吹绵蚧为害叶片

易诱发煤烟病，引起落叶枯枝，造成植株生势衰弱。该虫一年发生4～5代，每代发育要经历3个龄期。多以若虫态过冬，一般4～6月发生严重，温暖潮湿的气候有利于虫害的发生。在自然情况下，雄虫数量极少，多营孤雌生殖。两次蜕皮后，换居一次。2龄以后，逐渐转到枝干上聚居为害，吸食树液，同时排泄蜜露。雌成虫大多集中固定一处，腹部末端分泌白色棉絮状蜡质，边分泌蜡丝边产卵。可借助风力、蚂蚁传播蔓延。

（四）防治措施

1. 农业防治

注意保护天敌。随时检查，用手或用镊子捏去雌虫和卵囊，或剪去被虫为害的枝条、叶片、果实。

2. 化学防治

在初孵若虫散转移期，可喷施50%杀螟松1 000倍液，或48%乐斯本乳油1 000～2 000倍液、亩旺特240克/升悬浮剂3 000～4 000倍液、0.3%苦参碱水剂200～300倍液、2.5%功夫乳油1 000～3 000倍液等，喷洒树体。

第四章 可可主要病虫害

可可（*Theobroma cacao* L.）是世界三大饮料之一，产量仅次于咖啡和茶叶。可可营养丰富，味醇香，发热量高，具有兴奋与滋补作用。可可豆加工成可可粉和可可脂，主要用作饮料、制高级巧克力糖果、糕点和冰淇淋食品。中国每年可可豆的消费量在10万吨以上，所需可可豆全靠进口，市场广阔。可可是美洲热带雨林下的一个土生树种，原产地在亚马孙河流域的热带雨林。作为湿热地区的典型作物，主要分布在南北纬18°以内的狭长地带，因此资源十分有限，现在世界主要产地为委内瑞拉、巴西、加纳等热带地区。1960年中国热带农业科学院香料饮料研究所引种试种成功，对可可的生物学特性及适应性进行了长期系统的观察研究，积累了丰富的可可种植经验，掌握了一套可可丰产栽培、病虫害防治及初加工技术。通过对可可40多年的系统研究结果表明，可可适合于在海南省东南部发展。目前，在海南省为害可可产业的主要病虫害是可可黑果病和可可盲蝽等。

可可黑果病，又称可可疫病，是世界上为害可可产业最严重的一种真菌病害。主要为害可可果实，引起黑色腐烂，产量损失可达40%～50%。在巴西、喀麦隆、加纳、科特迪瓦、墨西哥、印度、菲律宾、委内瑞拉等可可主产国均有发生，危害严重。2010年10月，刘爱勤等在中国热带农业科学院香料饮料研究所种植在海南省万宁市兴隆地区的可可园首次发现该病害，随后在海南省万宁、陵水等可可种植园均发现该病，果实受害率在20%～40%。

在我国为害可可的主要害虫是可可盲蝽。可可盲蝽分布于我国海南和云南。成、若虫为害可可果荚，亦为害嫩梢及幼叶。为害幼嫩果荚时可使其干枯，为害较老的果荚时可使其生长受阻，种子发育不良。成、若虫以刺吸式口器刺入果荚吸食组织汁液，使果荚表面出现痂状斑，此斑后呈深褐色，最后呈黑色。严重被害的果荚表面布满黑斑。

一、可可黑果病

（一）为害症状

病菌主要侵害荚果，也常侵害花枕、叶片、嫩梢、茎干、根系。幼苗和成龄株都受侵害。荚果染病，开始在果面出现细小的半透明斑点，很快变褐色（图4-1），后变黑色，斑点迅速扩大，直到整个荚果表面被黑色斑块覆盖（图4-2）。潮湿时病果表面长出一层白色霉状物，剖开病果内部组织变褐色（图4-3，图4-4）。后期病果干缩、变黑、不脱落（图4-5）。花枕及周围组织受害，开始皮层无外部症状，但在皮下有粉红色变色。受害叶片先是叶尖湿腐、变色，迅速蔓延到主脉；较老的病叶呈暗褐色、枯顶，有时脱落。嫩梢受害常从叶腋处开始，病部先呈水渍状，很快变暗色、凹陷，常从顶端向下回枯。茎干受害产生水渍状黑色病斑，病斑横向扩展环缢后，病部以上的枝叶枯死。根系受害变黑死亡。在高湿苗圃，受害幼苗开始出现顶部的叶片变褐色，后扩展到茎干，引起幼苗坏死。

图4-1　荚果感病初期

图4-2　荚果感病中期

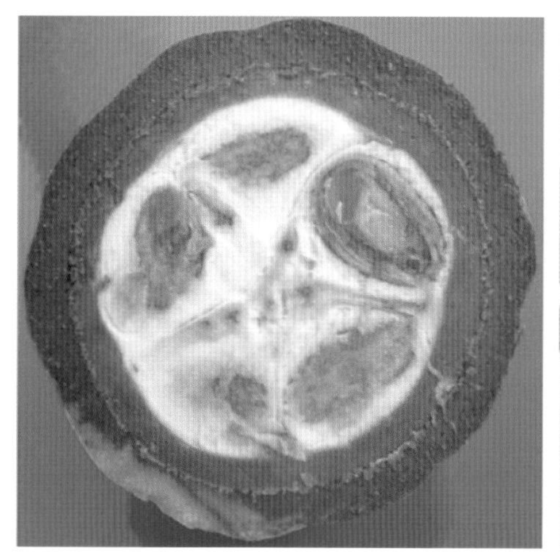

图4-3　荚果感病中期横切面

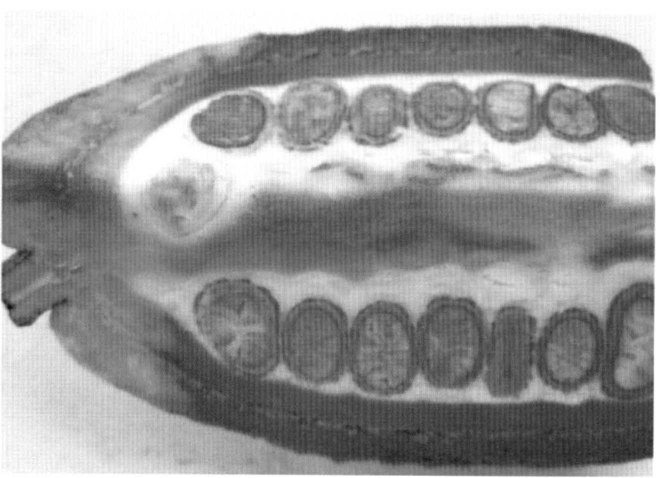

图4-4　荚果感病中期纵切面

图4-5　荚果感病后期

（二）病原

国外已报道的可可黑果病病原为棕榈疫霉（*Phytophthora palmivora*）、辣椒疫霉（*P. capsici*）和柑橘褐腐疫霉（*P. citrophthora*）等。2010年10月，刘爱勤等在我国海南首次发现该病危害，从中国热带农业科学院香料饮料研究所种植的可可园分离得到一个病原菌，根据其形态特征，再结合16SrDNA 序列分析，将该病原鉴定为柑橘褐腐疫霉（*P. citrophthora*）。

该病菌在PDA培养基上菌落均匀，放射状或绵絮状（图4-6）。气生菌丝中等到茂盛，菌丝形态简单，粗5 ~ 9 微米，一般7微米；具少量球形或不规则形菌丝膨大体，顶生或间生，直径24 ~ 35 微米。孢囊梗假轴式分枝、不规则分枝或不分枝，粗1.5 ~ 4.0 微米。孢子囊形态、大小变化甚大，卵形、椭圆形、长倒梨形或不规则形，基部圆形，（29 ~ 81）微米 ×（25 ~ 49）微米，平均53.8 微米 ×30.2

微米，长宽比值为1.1 ~ 2.1，平均1.7；具明显乳突，乳突高4.1 ~ 6.8 微米，一般1个，少数2个，偶尔3个；孢子囊不脱落，成熟后释放游动孢子26 ~ 51个（图4-7）。游动孢子肾形，（10.0 ~ 14.5）微米 ×（8.3 ~ 10.4）微米，具双鞭毛，鞭毛长16.6 ~ 29.0 微米。休止孢子球形，直径 7.0 ~ 12.4 微米，萌发形成芽管或小孢子囊；小孢子囊卵形、椭圆形，（8 ~ 13）微米 ×6 ~ 10 微米，含一个游动孢子。厚垣孢子未见。藏卵器球形，有时向基部渐细而呈漏斗形，直径19 ~ 33（平均28.3）微米，无色或褐色，柄棍棒形或锥形。雄器鼓形、近球形或短圆筒形，单胞，围生，（9 ~ 19）微米 ×（7 ~ 15）微米，平均12.2 微米 ×10.2 微米，壁薄，无色。卵孢子球形，直径18 ~ 29（平均23.1）微米；壁厚1.8 ~ 2.8 微米，不满器或几乎满器。

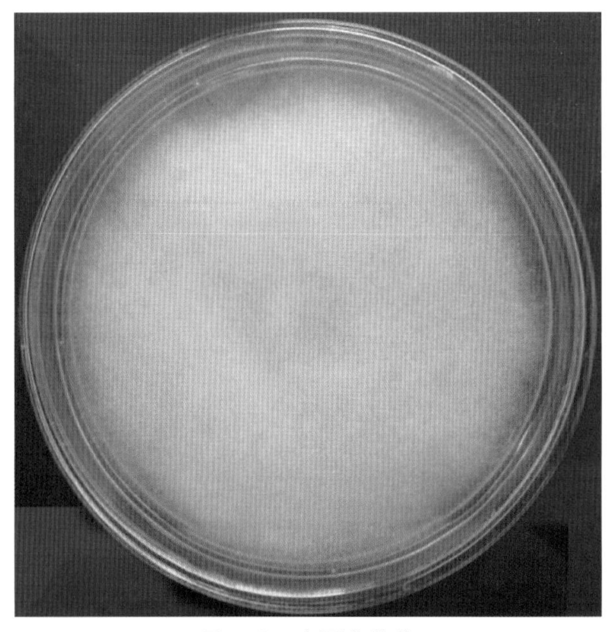

图4–6　病原菌菌落

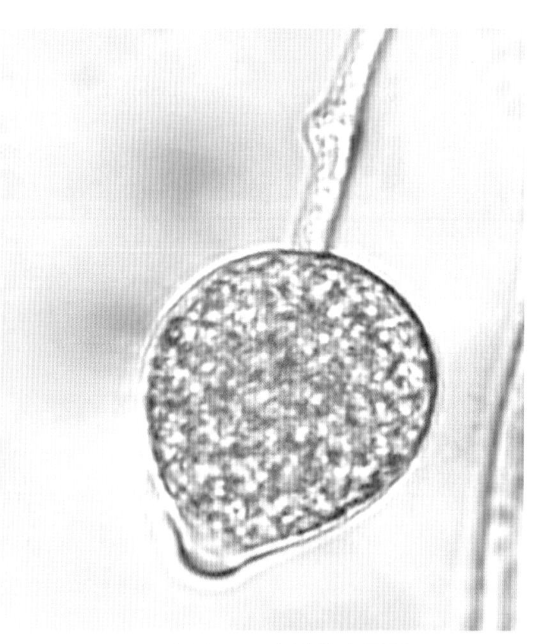

图4–7　病原菌孢子囊

（三）发生规律

此菌在旱季进入休眠状态，能在地面和土中的植物残屑上，留在树上的病果、果柄、花枕、树皮内，地面果壳堆中，或在其他荫蔽树的树皮中存活。雨季来临时从这些处所产生孢子囊，为流行提供初侵染菌源。孢子囊主要借雨水溅散传播，昆虫和蜗牛等也能传病。降落在荚果上的孢子囊在雨水中释放出游动孢子，游动孢子萌发形成芽管，病菌借芽管从果表皮气孔穿入果内引起发病。病斑出现2 ~ 3天内产孢，又借雨溅散播，开始新一轮的侵染循环。降雨量是影响黑果病发生和流行的最重要的因子。在海南省万宁兴隆地区，可可黑果病一般从2月开始发病，之后如遇连续一段阴天小雨后病害迅速扩展，3 ~ 4月出现发病高峰；5月以后随着降雨减少，病害逐渐减弱；6 ~ 8月出现气温高、雨水较少、短暂干旱，病害停止发展；8月上旬又开始发生，9 ~ 10月降雨量增大，发病率急剧上升，病害流行；至10月底至11月中旬可可树上同时出现开花、结小果及成熟果现象，且连续出现降雨天气，气温均在20 ~ 30℃，这段时间可可疫病相对严重，病株率10%左右，病害达全年的最高峰；11月底后病害开始减弱；12月上旬至翌年1月基本不发病。在持续高湿的地区黑果病特别严重，小果期连续降雨且出现20 ~ 27℃的气温是该病发生的主要条件。

（四）防治措施

1. 农业防治

（1）种植时株行距不可过密，荫蔽树要适度，定期修剪，避免过分荫蔽，定期控荫、除草，以降低果园湿度。

（2）及时清除病果、病叶、病梢和园内枯枝落叶，集中园外烧毁。

2. 化学防治

（1）雨季开始发病时，定期喷施1%波尔多液或68%精甲霜·锰锌500倍液或50%烯酰吗啉500倍液，整株喷药，10 ~ 15天喷1次，直到雨季结束。

（2）切除茎干溃疡病皮，用铜剂、瑞毒霉或乙膦铝消毒病灶和用煤焦油涂封。

二、可可盲蝽

（一）分类地位

可可盲蝽（*Helopeltis fasciaticollis* Poppius），又名台湾角盲蝽、台湾刺盲蝽，属半翅目，盲蝽科。

（二）形态特征

成虫：体长6.2 ~ 7.0 毫米，宽1.3 ~ 1.5 毫米。虫体暗褐色，头部暗褐色或黑褐色，唇基端部淡色；复眼球形，向两侧突出，黑褐色，复眼下方及颈部侧方靠近前胸背板领部前方的斑淡色，复眼前下方有时淡色；触角细长，约为体长的2倍；第一节基部略呈淡黄褐色；第二节上的毛较长。雄性前胸背板有时淡褐色略带橙色，接近于红色，雌性前胸背板褐色带橙色接近红色。中胸小盾片中央具有一细长的杆状突起，突起的末端较膨大；小盾片后缘圆形，其前部有一稍向后弯、顶部呈小圆球状的小盾片角，圆球状部有细毛；小盾片褐色带橙色至暗褐色，小盾片突起褐至暗褐色，少数个体突起的基部淡黄色。翅淡灰色，具虹彩；革片及爪片透明、灰或灰褐色，有时带暗褐色，革片与爪片基部略呈白色，缘片、翅脉及革片的端部内侧及楔片暗褐色。足土黄色，其上散生许多黑色斑点，腿节大部分褐或暗褐色，基部色淡，雌性足色深。腹部暗褐带土黄或绿色（图4-8）。

图4–8　可可盲蝽成虫

卵：长圆筒形，中间略弯曲，末端钝圆，前端稍扁。初产时乳白色，中期浅黄色，后期黄褐色。卵盖两侧附有长短不等的两根丝状的呼吸突，长的一条0.6 毫米，短的一条0.2 毫米（图4-9）。

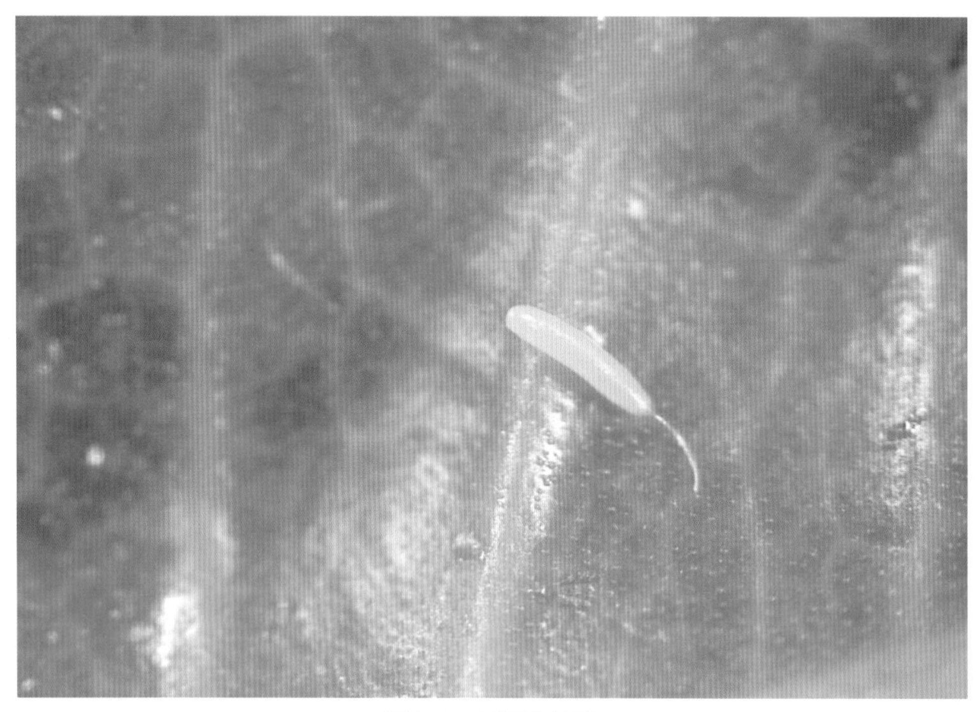

图4-9　可可盲蝽卵

若虫：1龄若虫体长1.2毫米，体宽0.3毫米，长形；体红色；复眼红色；除触角第一节外，虫体其他各部均着生褐色毛。2龄若虫体长2.0毫米，体宽0.4毫米；体色红略带土黄；复眼红色；第一触角节明显地粗于其余3节；小盾片角圆锥形。3龄若虫体长2.8毫米，宽0.7毫米；全体红色带土黄；复眼红褐色；翅芽明显；小盾片角顶部出现圆球状结构。4龄若虫体长3.5 毫米，体宽1.4毫米；全体土黄色带红；复眼黑褐色；第一、二触角节基部具散生的黑色斑纹；翅芽灰色，伸至第一腹节背面；小盾片角完整。5龄若虫体长5.1毫米，体宽1.4毫米，长形；全体土黄色稍带红；复眼黑色；触角上具散生的黑色斑，第三、四触角节上部具黑褐色毛；喙的端部黑色，伸达前胸腹面；翅芽发达伸至第三腹节背面，其基部及端部呈灰黑色；小盾片角完整；腿节上具灰色斑，跗节黑色（图4-10）。

（三）发生及为害

可可盲蝽是热带地区的一种重要害虫，目前已知在全世界为害经济作物约30多种。在国内除严重为害可可外，还为害其他多种作物，如腰果、咖啡、茶树、香草兰、番石榴、红毛榴莲、胡椒、洋蒲桃及芒果等。其成、若虫以刺吸式口器刺食组织汁液，为害可可的嫩梢、花枝及果实。嫩梢、花枝被害后呈现多角形或梭形水渍状斑，斑点坏死、枝条干枯。幼果被害后呈现圆形下凹水渍状斑并逐渐变成黑点，最后皱缩、干枯。较大果实被害后果壁上产生许多疮痂，影响外观及品质（图4-11）。被害斑经过1天后即变成黑色，随后呈干枯状，最后被害斑连在一起使整枝嫩梢、花枝、整张叶片、整个果实干枯。由此，在被害严重的种植园，外观似火烧景象，颗粒无收。

图4-10　可可盲蝽若虫

图4-11　可可果实受害症状

可可盲蝽在海南无越冬现象，终年可见其发生为害。在海南一年发生10 ～ 12代，世代重叠。每代需时38 ～ 76天，其中成虫寿命为11 ～ 65天，卵期5 ～ 10天，若虫期9 ～ 25天，雌虫产卵前期5 ～ 8天，产卵期为8 ～ 45天，平均20天。每头雌虫一生最多产卵139粒，最少产卵32粒。卵散产于可可果荚、嫩枝、嫩叶表皮组织下，也有3 ～ 5粒产在一处的。刚孵化的若虫将触角及足伸展正常以后，不断爬行活动，在这段时间里只作试探性取食，经过45分钟后开始正式取食。成虫和若虫主要取食一芽三叶的幼嫩枝叶和嫩果，老化叶片、枝条及果实不为害。取食时间主要在下午2时后至第二天上午9时前，每头虫1天可为害2 ～ 3个嫩梢或嫩果，10头3龄若虫1天取食斑平均为79个。此虫惧光性明显，白天阳光直接照射时，虫体转移到林中下层叶片背面，但阴雨天同样取食。

该虫发生与气侯、荫蔽度及栽培管理有关。在海南南部主要可可种植区，每年发生高峰期在3 ～ 4月，因这时气温适宜，雨水较多，田间湿度大，适逢可可树大量抽梢和结小果，所以为害严重；6 ～ 8月高温干旱，日照强，果实已老化成熟，嫩梢减少，食料不足，虫口密度显著下降；9 ～ 10月后台风雨和暴雨频繁，因受雨水冲刷，影响取食和产卵，虫口密度较低，为害较少。栽培管理不当，园中杂草灌木多，荫蔽度大，虫害发生严重。

（四）防治措施

1. 农业防治

（1）改善可可园生态环境。合理密植、合理修剪，避免种植园及植株过度荫蔽，清除园中杂草灌木，改变可可盲蝽的小生境；对周边园林绿化植物、行道树等进行整枝疏枝，使其通风透光，造成不利于可可盲蝽生长繁殖的环境条件。

（2）加强田间巡查，及时去除带卵枝条，集中园外烧毁，减少虫源。

2. 化学防治

可可盲蝽发生盛期，用2.5%高渗吡虫啉乳油2 000倍液，或48%毒死蜱乳油3 000倍液，或50%马拉硫磷乳油2 000倍液进行喷雾防治。

三、橘二叉蚜

（一）分类地位

橘二叉蚜（*Toxoptera aurantli* Boyer），又名茶二叉蚜、可可蚜，属同翅目，蚜科。

（二）形态特征

有翅蚜：有翅成蚜体长约2毫米，深褐色，具光泽（图4-12）；翅展约6毫米，中脉分二叉；触角8节，各节基部色淡，第三节上有4～7个感觉圈，排成一列；腹管圆筒形，中部略细，近基部网纹明显；尾片长柄形，端部圆，着生12～14根细毛；腹管略长于尾片。有翅若蚜体长约1.8毫米，棕褐色，腹部分节较明显而色略浅；翅芽白色，伸达腹部1/2处；触角第三节上无感觉圈；腹管、尾片同有翅成蚜。

无翅蚜：无翅成蚜体长约2毫米，近椭圆形，棕褐色（图4-13），腹部网纹略明显；触角6节，各节基部乳白色，第三节无感觉圈；腹管圆筒形，近基部略粗且网纹明显；尾片端部圆，上生12～14根细毛。无翅若蚜体长1.2～1.4毫米，浅棕色；腹部分节不明显；其他同无翅成蚜。

卵：长约0.6毫米，宽约0.24毫米，长椭圆形，一端略小，黑色且具光泽。

图4–12　橘二叉蚜有翅蚜

图4-13　橘二叉蚜无翅蚜

（三）发生及为害

橘二叉蚜以蚜群聚集为害新梢嫩叶，主要为害茶树、柑橘、可可、咖啡和油茶等林木。国外斯里兰卡、印度、东非、日本等有分布；国内各产茶省均有分布，以幼龄茶园受害较重，成龄茶园也时有局部严重发生。在海南1年发生20余代，以无翅胎生若蚜越冬，部分年份甚至无明显越冬现象。一般在春季10～15天完成一代，夏季6～8天即可完成一代，世代重叠明显，具有明显的世代交替现象。

橘二叉蚜主要为害可可新梢嫩叶、花芽，蚜群聚集芽叶背面刺吸汁液（图4-14）。受害芽细瘦，发育迟缓，以至枯竭不发。受害嫩叶叶色褪绿泛黄，失去光泽，进而向下弯曲，生长缓慢。虫体排泄蜜露，可导致煤病发生，危害加重，影响树体长势及可可产量。橘二叉蚜具有明显的趋嫩和群集危害的习性（图4-15）。若蚜每蜕去一次皮，即向上部嫩叶转移一次。新梢上始终以芽下第一、二叶上虫口最多，向下越近虫口越少。因此，上部幼嫩叶片受害重，中下部叶片受害轻；花芽、嫩果受害重，老果基本不受为害。该蚜自第二代起就不断出现有翅若蚜。随着芽叶的老化或虫口密度过大，有翅若蚜百分率逐渐增大。即大量羽化为有翅成蚜并在适

图4-14　橘二叉蚜为害嫩梢

图4-15　橘二叉蚜聚集为害嫩叶

宜的气候条件下，就地飞迁扩散，转害邻近的新生芽叶。据分析，有翅成蚜最适宜在日平均气温18℃以上，风速不超过4米/秒的晴朗天气下飞迁，阴雨或大风均影响其迁飞。另外，有翅成蚜还具有明显的趋黄色特性。

（四）防治措施

1. 物理防治

利用有翅蚜对黄色和橙色有较强的趋性进行黄板诱蚜。取一块30厘米×50厘米的长方形硬纸板或纤维板，先涂一层黄色广告色（又名水粉），晾干后，再涂一层黏药。

2. 药剂防治

洗衣粉对蚜虫有较强的触杀作用，可用洗衣粉400～500倍液喷雾防治，连喷2次，间隔时间6～7天，可收到较好的防治效果。在为害期间用1%苦参碱800～1 000倍液、10%吡虫啉3 000倍液、50%抗蚜威可湿性粉剂2 000倍液、3%啶虫脒乳油2 000～2 500倍液喷雾。

参 考 文 献

董云萍. 2009. 咖啡高产栽培技术. 北京: 中国农业出版社.

洪梓千. 1989. 香荚兰两种重要病害的调查. 热带作物研究 (1): 59-61.

胡奇, 罗永明. 1999. 中国四种角盲蝽的识别. 昆虫知识, 36 (3): 169-171.

黄光斗. 1996. 热带作物昆虫学. 北京: 中国农业出版社.

黄伙平, 郑国基. 1991. 香荚兰根腐病的药剂防治研究初报. 亚热带植物通讯, 20 (2): 54-56.

李加智. 1995. 西双版纳香荚兰病害研究初报. 云南农业大学学报, 10 (2): 136-138.

李加智, 陈艳. 1998. 西双版纳香荚兰镰刀菌种的研究. 云南热作科技 (1): 3-7.

李文伟, 张洪波. 2004. 云南省小粒种咖啡根、茎、叶害虫. 广西热带农业, 95 (6): 35-37.

李扬苹, 何霞红, 朱有勇, 等. 2004. 7种精油对香荚兰根腐病尖镰孢菌抑菌作用的初步研究. 西北农林科技大学学报: 自然科学版, 32 (10): 89-93.

李增平, 郑服丛. 2009. 热区植物常见病害诊断图谱. 北京: 中国农业出版社.

林延谋, 符悦冠, 刘凤花, 等. 1994. 咖啡黑小蠹的发生规律及药剂防治研究. 热带作物学报, 15 (2): 79-86.

刘爱勤, 桑利伟, 孙世伟, 等. 2008. 香草兰疫霉菌对9种杀菌剂的敏感性测定. 农药, 47 (11): 847-848.

刘爱勤, 桑利伟. 孙世伟, 等. 2009. 胡椒瘟病病原菌对12种杀菌剂的敏感性测定. 热带农业工程, 33 (2): 11-13.

刘爱勤, 桑利伟, 孙世伟, 等. 2010. 三种拮抗菌发酵液对香草兰疫病防效研究. 热带农业科学, 30 (2): 5-7.

刘爱勤, 桑利伟, 谭乐和, 等. 2011. 海南省香草兰主要病虫害现状调查. 热带作物学报, 32 (10): 1957-1962.

刘爱勤, 桑利伟, 孙世伟, 等. 2012. 6种药剂防治香草兰疫病田间药效试验. 热带农业科学, 32 (4): 1-3.

刘爱勤, 曾涛, 曾会才, 等. 2008. 海南香草兰疫病发生情况调查及疫霉菌种类鉴定. 热带作物学报 (6): 803-807.

刘昌芬. 1997. 咖啡蚧虫的生物防治和云南咖啡害虫综合治理浅见. 云南热作科技, 20 (4): 20-23.

刘进平, 郑成木. 2001. 胡椒瘟病与辣椒疫霉. 热带农业科学 (5): 27-31.

龙乙明, 张智英, 宋丽萍. 1994. 滇南地区咖啡主要害虫及其防治措施的研究. 热带植物研究 (34): 15-20.

陆家云. 2001. 植物病原真菌学. 北京: 中国农业出版社.

罗永明. 1991. 海南岛的腰果害虫. 热带作物学报 (9): 83-92.

罗永明, 金启安. 1985. 海南岛两种角盲蝽记述. 热带作物学报 (9): 120-128.

莫丽珍. 2012. 小粒种咖啡高产优质栽培技术图解. 昆明: 云南人民出版社.

牛立霞, 王健华, 冯团诚, 等. 2008. 海南胡椒中黄瓜花叶病毒分离物的分子鉴定. 热带作物学报, 29 (4): 510-513.

农业部农垦司热带作物处, 中国热带作物学会植保专业委员会. 1994. 华南五省 (区) 热带作物病虫害名录. 儋州: 中国热带农业科学院, 华南热带作物学院文印中心.

潘贤丽, 邱健德, 邢福易, 等. 1991. 腰果园可可盲蝽为害分布型及防治策略的研究. 热带作物学报

(3) : 91-96.

裴汝康，李发昌，刘素清. 1992. 云南咖啡钻蛀性害虫种群发生动态. 云南热作科技，15 (1) : 18-20.

彭涛，钟宁. 1997. 咖啡灭字虎天牛和咖啡脊虎天牛研究概述. 云南热作科技，20 (2) : 35-38.

戚佩坤. 2000. 广东果树真菌病害志. 北京：中国农业出版社.

桑利伟，刘爱勤，孙世伟，等. 2010. 海南省胡椒主要病害现状初步调查. 植物保护 (5) : 133-137.

桑利伟，刘爱勤，孙世伟，等. 2010. 胡椒主要病害识别与防治技术. 热带农业科学，30 (1) : 3-5.

桑利伟，刘爱勤，谭乐和，等. 2010. 胡椒瘟病田间发生规律观察. 热带作物学报，31 (11) : 1996-1999.

桑利伟，刘爱勤，谭乐和，等. 2011. 海南省胡椒瘟病病原鉴定及发生规律. 植物保护，37 (6) : 168-171.

沈荣平，于新文，钟宁. 1997. 思茅咖啡种群构成与危害的时空特性研究. 动物学研究，18 (1) : 33-38.

宋应辉，吴小炜. 1992. 世界香荚兰产品现状及未来预测. 热带作物科技 (6) : 1-5.

孙世伟，苟亚峰，桑利伟，等. 2009. 胡椒丽绿刺蛾的发生及防治. 热带农业科学，29 (4) : 11-12.

孙世伟，刘爱勤，桑利伟，等. 2010. 6种杀虫剂对茶角盲蝽的药效试验. 热带农业科学，30 (1) : 6-9.

王凤，鞠瑞亭，杜予州，等. 2006. 绿化植物五种刺蛾生物学特性比较. 中国森林病虫，9 (25) : 11-15.

王万东，龙亚芹，李荣福，等. 2012. 云南小粒咖啡病虫害调查研究. 热带农业科学，32 (10) : 55-59.

魏景超. 1979. 真菌鉴定手册. 上海：上海科学技术出版社.

肖彤斌，王会芳，芮凯，等. 2008. 海南岛胡椒病原根结线虫种类鉴定. 植物保护，34 (6) : 28-31.

谢联辉. 2006. 普通植物病理学. 北京：科学出版社.

谢联辉. 2008. 植物病原病毒学. 北京：中国农业出版社.

邢谷杨. 2003. 胡椒高产栽培技术. 海口：海南出版社.

杨雄飞，孙宝芝. 1985. 香荚兰疫病病原鉴定. 云南热作科技 (1) : 23-25.

杨子琦. 2002. 园林植物病虫害防治图鉴. 北京：中国林业出版社.

曾会才，张开明，李锐，等. 2000. 香草兰疫病病霉菌种的鉴定. 热带作物报，21 (1) : 56-59.

张开明，文衍堂. 1993. 海南香草兰病害调查初报. 热带作物科技 (3) : 17-19.

郑服丛，张开明. 2006. 热带作物病虫草害名录. 海口：南海出版公司.

中国热带农业科学院，华南热带农业大学. 1998. 中国热带作物栽培学. 北京：中国农业出版社.

中华人民共和国农业部. 2009. NY/T 1698—2009 小粒种咖啡病虫害防治技术规程. 北京：中国农业出版社.

周华，张红波，李锦红，等. 2012. 咖啡种质资源收集、保存、评价及创新利用研究. 热带作物学报，33 (9) : 1554-1561.

周又生，沈发荣，赵焕萍，等. 1995. 脊胸天牛生物学及其防治研究. 西南农业大学学报，17 (5) : 451-455.

周又生，赵忠喜，李松林，等. 2002. 咖啡灭字虎天牛生物生态学及发生危害规律和治理研究. 西南农业大学学报，24 (1) : 1-8.

周又生，王华，周庆辉，等. 2003. 咖啡旋皮天牛与咖啡灭字虎天牛发生危害比较研究. 西南农业大学学报，25 (1) : 24-27.

朱自慧. 2003. 世界可可业概况与发展海南可可业的建议. 热带农业科学，23 (3) : 28-33.

Brown J S, Whan J H, Kenny M K,et al. 1995. The effect of coffee leaf rust on foliation and yield of coffee in Papua New Guinea. Crop protection, 14 (7) : 589-592.

Deberdt P, Mfegue C V, Tondje P R, et al. 2008. Impact of environmental factors, chemical fungicide and biological control on cacao pod production dynamics and black pod disease (*Phytophthora megakarya*) in Cameroon. Biological Control:Theory and Application in Pest Management, 44 (2) : 149-159.